面向新工科普通高等教育系列教材

U0151224

UML 基础、建模与应用

曹汉华　衣　杨　关春喜　等编著

机械工业出版社

本书详细介绍了 UML 的体系结构、UML 元素的语法规则、公共机制、表示方法、建模方法、面向对象的分析设计过程。同时，以三个软件系统建模为例，详细演示了领域建模、用例建模和动态建模的过程以及面向对象的分析、设计方法，揭示了每个建模环节中用到的建模原则、建模方法和建模经验。

本书建模步骤详细，理论和应用结合紧密。通过学习本书可以掌握 UML 基础、建模技术、面向对象的分析和设计方法。本书非常适合作为高等院校计算机科学与技术、软件工程及相关专业的教材，也可以作为计算机专业技术人员的培训教材。

本书配有授课电子课件，需要的教师可登录 www.cmpedu.com 免费注册，审核通过后下载，或联系编辑索取（微信：15910938545，电话：010-88379739）。

图书在版编目（CIP）数据

UML 基础、建模与应用／曹汉华等编著．--北京：机械工业出版社，2022.8（2024.6重印）

面向新工科普通高等教育系列教材

ISBN 978-7-111-71273-2

Ⅰ．①U… Ⅱ．①曹… Ⅲ．①面向对象语言-程序设计-高等学校-教材

Ⅳ．①TP312

中国版本图书馆 CIP 数据核字（2022）第 133858 号

机械工业出版社（北京市百万庄大街 22 号　邮政编码 100037）
策划编辑：郝建伟　　责任编辑：郝建伟　胡　静
责任校对：张艳霞　　责任印制：单爱军

北京虎彩文化传播有限公司印刷

2024 年 6 月第 1 版·第 4 次印刷
184mm×260mm·14.5 印张·357 千字
标准书号：ISBN 978-7-111-71273-2
定价：59.00 元

电话服务　　　　　　　　　　网络服务

客服电话：010-88361066　　　机 工 官 网：www.cmpbook.com
　　　　　010-88379833　　　机 工 官 博：weibo.com/cmp1952
　　　　　010-68326294　　　金 书 网：www.golden-book.com
封底无防伪标均为盗版　　　机工教育服务网：www.cmpedu.com

前言

百年大计，教育为本。习近平总书记在党的二十大报告中强调"教育、科技、人才是全面建设社会主义现代化国家的基础性、战略性支撑"，首次将教育、科技、人才一体安排部署，赋予教育新的战略地位、历史使命和发展格局。需要紧跟新兴科技发展的动向，提前布局新工科背景下的计算机专业人才的培养，提升工科教育支撑新兴产业发展的能力。

"UML 基础、建模与应用"是计算机科学与技术、软件工程及相关专业的必修课程，也是系统分析师和设计师的必修课程。对计算机专业的学生来说，选择一部好的 UML 教程非常重要。

市面上介绍 UML 基础及建模的图书都存在两个问题：1）建模过程和建模方法不完整，理论与应用脱节，学生难以理解相关知识点。2）建模案例只强调建模过程，忽视了面向对象的分析、设计方法，因此，学生在建模过程中无法掌握面向对象的分析、设计技术，更难以掌握面向对象的建模方法。

本书克服了上面两个问题，将面向对象的分析技术、设计技术与建模方法有机地结合在一起，并以网上书店系统建模、气象监测系统建模、电梯系统的分析与设计为背景，揭示了面向对象分析设计技术、建模过程的内在本质。通过阅读本书，读者可以掌握 UML 基础知识、建模方法和面向对象的分析设计技术。

本书具体特点如下：

1）体系结构合理。章节安排遵循知识的系统性、连贯性、逻辑性。

2）知识介绍风格统一。知识介绍从简单到复杂、从具体到抽象、从局部到整体。

3）复杂知识简单化。分解复杂的知识点，简化知识，将建模原则具体化，复杂的建模过程简单化。

4）演示建模全过程。以网上书店系统建模、气象监测系统建模和电梯系统的分析为背景，演示了建模过程和面向对象的设计方法。

本书既适合 UML 初学者阅读，也适合系统设计师和系统测试者阅读。在写作上，本书以 UML 基础为主线，以建模过程和方法为目标，运用实例系统地阐明了 UML 语法基础、表示方法和建模方法。本书既可作为高等院校计算机、软件工程及相关专业的教材，也可以作为培训机构相关专业的培训教材。

本书主要作者在大型软件公司从事系统分析、设计工作多年，近年来从事高校计算机教学工作，积累了丰富的系统建模经验和 UML 课程教学经验。

本书编写分工情况如下：第 1~3 章由衣杨编写，第 5~7 章由关春喜编写，第 8 章由叶大慧编写，第 9 章由黄雪敏编写，第 10 章由陈怡华编写，第 4、11~14 章由曹汉华编写，全书由王先国统稿。衣杨为中山大学计算机学院教授、博士生导师、广州新华学院信息与智能工程学院院长；叶大慧、黄雪敏、陈怡华、曹汉华、关春喜、王先国（高工/副教授）为广州新华学院信息与智能工程学院教师。

  本书得到以下基金项目支持：［1］基于信息融合算法及红外学习的智能环境温湿度控制手环的研究（No. 2020KTSCX201）；［2］中山大学新华学院 2019 年教学质量与教学改革研究项目《PHP 网站开发技术》（项目编号：2019JC007）；［3］多终端网站开发（项目编号：2019YY002）；［4］广州新华学院 2021 年"课程思政"校级示范项目微信小程序开发（2021KCSZ006）。

  本书提供的建模过程和建模方法实例，虽然经过了多次修改和校正，但难免会存在疏漏和错误，恳请读者批评指正。如有建议或在学习中遇到疑难问题，欢迎读者发电子邮件与出版社联系，也可以与作者联系（邮箱：wangxg588@ sohu. com）。本书配备了教学大纲、教案、试题及答案、课件和习题解答，可在 www. cmpedu. com 下载。

编 者

目录

第1章
软件工程概要

软件工程是应用计算机科学、数学、工程科学及管理科学等原理来开发软件的工程。软件工程借鉴传统工程的原则、方法提高软件质量和降低开发成本，其中，用计算机科学、数学构建模型和算法；用工程科学制定规范、设计范型、评估成本；用管理科学计划和管理资源、控制软件质量、降低开发成本。软件工程分为传统软件工程和面向对象的软件工程。

本章要点

软件工程发展简史。

软件过程、软件模型、软件制品。

学习目标

了解软件工程诞生历史和软件开发过程。

1.1　软件工程发展简史

从程序设计到软件工程的产生和发展大致经历了四个阶段：程序设计阶段、软件作坊阶段、传统软件工程阶段和面向对象软件工程阶段。

1. 程序设计阶段（1946—1955 年）

本阶段还没有提出软件的概念，程序设计主要围绕硬件开发，程序规模很小，使用的工具也很简单。程序设计者追求节省空间和编程技巧，程序主要用于科学计算。

2. 软件作坊阶段（1956—1970 年）

本阶段的硬件环境相对稳定，提出了软件的概念，出现了"软件作坊"。市面上开始广泛使用软件产品。但程序员编码随意，整个软件看起来就像一碗意大利面一样杂乱无章，随着软件系统的规模越来越庞大，软件产品的质量越来越差，生产效率越来越低，从而导致了"软件危机"的产生。

3. 传统软件工程阶段（1970—1990 年）

1968 年北大西洋公约组织的计算机科学家在联邦德国召开的国际学术会议上第一次提出了"软件危机"（Software Crisis）这个名词。软件危机包含两个方面的问题：

1）开发的软件无法满足不断增长、日趋复杂的需求。

2）无法维护数量不断膨胀的软件产品。

"软件危机"使得人们开始深入研究软件及其特性，人们改变了早期对软件的不正确看法，即早期认为优秀的程序常常很难看懂，通篇充满了程序技巧。现在普遍认为优秀的程序除了功能正确、性能优良之外，还应该具备易读、易用、易修改和易扩展的特点。为此，在这次会议上，首次提出"软件工程"这一术语。

软件工程包括两方面内容：

1）软件开发技术。包括软件开发方法学、软件工具和软件工程环境。

2）软件项目管理。包括软件度量、项目估算、进度控制、人员组织、配置管理、项目计划等。

传统软件工程大体上经历了瀑布模型、迭代模型和敏捷开发三个阶段。

4. 面向对象软件工程阶段（1990 年至今）

20 世纪 90 年代初，人们提出了一批新的软件开发方法，其中，Booch（系统的设计和构造）、OMT（对象建模技术）和 OOSE（面向对象的软件工程）等方法得到了广泛的认可。这些方法的集合为面向对象软件工程打下了坚实的基础。

面向对象的软件开发方法包括面向对象的分析（Object Oriented Analysis，OOA）、面向对象的设计（Object Oriented Design，OOD）和面向对象的编程（Object Oriented Programming，OOP）等。

1.2　软件过程

OOA 和 OOD 的出现使传统的软件开发方法发生了翻天覆地的变化，紧接着诞生了 UML 建模语言、软件复用、基于组件的软件开发方法。与之相应，从企业管理角度提出了软件过程管理，即关注软件生存周期中的一系列活动，并通过软件过程度量、过程评价和过程改进，对**软件过程进行不断优化**。其中最著名的软件过程成熟度模型是卡内基梅隆大学软件工程研究所（SEI）建立的 CMM（Capability Maturity Model），即能力成熟度模型，此模型在建立和发展之初，主要是为大型软件项目的招投标活动提供一种全面而客观的评审依据，到后来 CMM 被应用于许多软件机构内部的过程改进活动中。

和所有事物一样，软件产品存在生命周期（也称软件过程）。在理想情况下，软件产品的开发过程如图 1-1 所示。

图 1-1　软件产品的开发过程

1）开始。提交项目书作为项目的开始。

2）需求。客户和用户对系统提出的要求。

3）分析。分析师分析客户陈述的业务及业务要求，写出需求分析说明书。

4）设计。根据需求分析说明书，提出系统的设计方案。

5）实现。程序员根据设计方案，编写程序、测试软件，形成软件产品。

6）运行。把软件产品交付给用户并运行软件。

7）维护。系统运行期间，根据用户的要求修改软件。

实际的软件开发与理想情况有较大的差别，原因有二：

1）软件人员在软件开发过程中会犯错误。

2）软件开发过程中需求会发生改变。

因此，在长期的软件开发过程中，软件开发者总结出可重复使用的软件开发过程，下面介绍 5 种常见的软件过程的开发模型（用模型表示软件过程）。

1.2.1 瀑布模型

1970 年，温斯顿·罗伊斯（Winston Royce）提出了著名的"瀑布模型"，直到 20 世纪 80 年代早期，它一直是唯一被广泛采用的软件开发模型。

瀑布模型是将软件生命周期划分为：制订项目计划、需求、分析、设计、实现、运行维护，共 6 个基本活动，如图 1-2 所示。该模型规定了自上而下、相互衔接的固定次序，如同瀑布流水，逐级下落，最终得到软件产品。

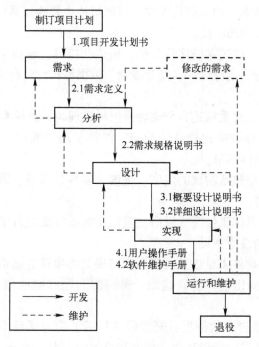

图 1-2　瀑布模型

图中的实线箭头代表开发期间的工作顺序，虚线箭头代表运行期间引发的维护工作。软件生命周期中各阶段的输出可交付产品如表 1-1 所示。

表 1-1　软件生命周期中各阶段输出可交付的产品

软件生命周期中阶段	输出可交付产品
制订项目计划	项目开发计划书
需求、分析	需求规格说明书
设计	概要设计说明书 详细设计说明书
编码	程序代码
测试	单元测试报告、子系统测试报告 系统测试报告、可接受度测试报告
安装	软件系统
维护	需求变化请求、需求变化请求报告

项目开发过程中需要编写 13 种文档，编制的文档必须有针对性、精确性、清晰性、完整性、可追溯性。下面是对 13 种文档内容的要求：

1）可行性分析报告。说明软件项目在技术上可行，在经济和社会因素上合理，说明并论证所选定实施方案的理由。

2）项目开发计划书。为软件项目实施制定的具体方案、计划，包括项目负责人员、开发进度、开发经费的预算、所需的硬件和软件资源等。

3）需求规格说明书。需求规格说明书是从开发人员的角度编写的，大致包括系统概述、功能需求、非功能需求、约束等几大块。系统概述主要描述系统的上下文、关键功能场景、角色以及角色能够使用的功能。

4）概要设计说明书。描述系统体系结构、组成和接口，包括系统的组织结构、模块划分、功能分配、接口设计、运行设计、安全设计、数据结构设计和出错处理设计等，为后面的详细设计提供基础。

5）详细设计说明书。着重描述每个模块是怎样实现的，包括实现算法、逻辑流程等。

6）用户操作手册。详细描述软件的功能、性能和用户界面，使用户知道如何使用软件件，并了解操作方法的具体细节。

7）测试计划。计划应包括测试的内容、进度、条件、人员、测试用例的选取原则、测试结果允许的偏差范围等。

8）测试分析报告。测试工作完成以后，应提交测试计划执行情况的说明，对测试结果加以分析，并提出测试的结论意见。

9）开发进度月报。软件人员按月向管理部门提交的项目进展情况报告，报告应包括进度计划与实际执行情况的比较、阶段成果、遇到的问题和解决的办法，以及下个月的打算等。

10）项目开发总结报告。软件项目开发完成以后，应与项目实施计划对照，总结实际执行的情况，如进度、成果、资源利用、成本和投入的人力，此外，还需对开发工作做出评价，总结经验和教训。

11）软件维护手册。主要包括软件系统说明、程序模块说明、操作环境、支持软件的说明、维护过程的说明，便于软件的维护。

12）软件问题报告。指出软件问题的登记情况，如日期、发现人、状态、问题所属模块等，为软件修改提供准备文档。

13）软件修改报告。软件产品投入运行以后，发现需要修正、更改等问题，应将存在的问题、修改的考虑以及修改的影响做出详细的描述，提交审批。

1.2.2 边写边改模型

在没有软件规格说明书或软件设计说明书的情况下，开发团队开发出一个产品的最初版本给客户验收，客户提出修改意见后，开发团队根据客户意见开发一个新的版本再次给客户验收，这个过程一直持续到客户对产品满意为止，这种开发模型就是边做边改模型（Build and Fix Model）。边做边改模型如图 1-3 所示。

边做边改模型的最大缺点是需求不明确，设计和实现中的错误要到整个产品被构建出来后才能被发现，这是一种类似作坊的开发方式，对编写几百行的小程序来说还不错，但是，

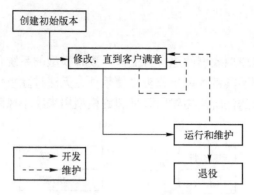

图 1-3　边做边改模型

对于规模大的软件系统来说不能令人满意,其主要问题在于:

1)缺少规划和设计环节,软件的结构由于不断的修改而变得越来越糟,导致无法继续修改。

2)忽略需求环节,会给软件开发带来很大的风险。

3)没有考虑测试和程序的可维护性,也没有任何文档,软件的维护十分困难。

1.2.3　快速原型模型

快速原型模型又称原型模型,也称增量模型。原型模型首先迅速建造一个可以运行的软件原型,以便理解和澄清问题,使开发人员与用户达成共识,最终以客户确定的需求为基础,开发软件产品。

原型模型允许在需求分析阶段对软件的需求进行初步而非完全的分析和定义,快速设计开发出软件系统的原型,该原型向用户展示待开发软件的全部或部分的功能和性能;用户对原型进行测试评定,提出改进意见,细化软件需求;开发人员根据不断细化的需求修改、完善软件,直至用户满意认可为止。原型模型如图 1-4 所示。

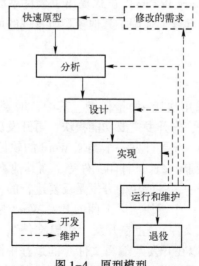

图 1-4　原型模型

1.2.4 螺旋模型

螺旋模型兼顾了快速原型模型的迭代特征以及瀑布模型的系统化与严格监控，它最大的特点在于引入了其他模型不具备的风险分析，使软件在无法排除重大风险时有机会停止，以减小损失。同时，在每个迭代阶段构建原型是螺旋模型用来减小风险的途径。螺旋模型如图1-5 所示。

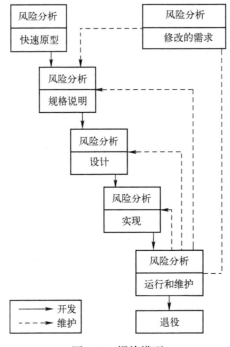

图 1-5　螺旋模型

1988 年，巴利·玻姆（Barry Boehm）正式提出了软件系统开发的"螺旋模型"，它将瀑布模型和快速原型模型结合起来，强调了其他模型所忽视的风险分析，特别适合于大型复杂的系统。

1.2.5 迭代-增量模型

面向对象的软件开发常采用迭代-增量模型。其中，增量的意思是，在软件开发过程中，把软件系统分成多个模块，先开发主要功能模块，再开发次要功能模块，逐步完善，最终开发出整个软件产品。比如，需要开发一个类似 Word 的软件，应该首先开发文件管理模块（保存文件、读取文件）、编辑文件、打印文件等，而其他不太常用的功能可以放在最后开发。迭代是指增量开发过程中，各模块的开发是反复进行的，并不是完成了某个模块后就终止该模块的开发转而开发下一个模块。以上面的开发 Word 为例，比如，现在已开发了文件管理模块（保存文件、读取文件），正在开发"编辑文件"，这时发现文件管理模块中的"读取文件"需要修改，就可以在开发"编辑文件"的过程中同时修改"读取文件"，如此不断地反复，所以说这个过程是迭代的过程。经过反复迭代后的软件功能就会越来越完善，最终开发出更优秀的产品。迭代-增量模型如图1-6 所示。

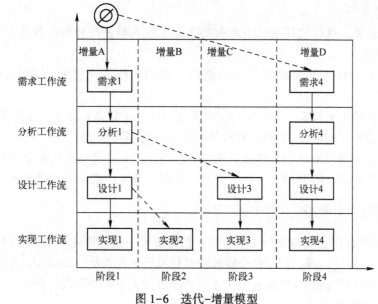

图 1-6　迭代-增量模型

在面向对象的软件开发方法里，迭代-增量模型中的需求、分析、设计和实现分别称为需求工作流、分析工作流、设计工作流和实现工作流。

1.3　RUP

当今最流行的软件过程是 RUP（Rational Unified Process，统一软件开发过程），它是一种面向对象且基于网络的软件开发方法，像一个在线的指导者为系统开发提供指导方针、模板和事例支持。

RUP 开发模型由横轴和纵轴构成二维空间，横轴表示项目的时间维（包括 4 个阶段），纵轴表示工作流（包括 9 个工作流）。RUP 开发模型如图 1-7 所示。

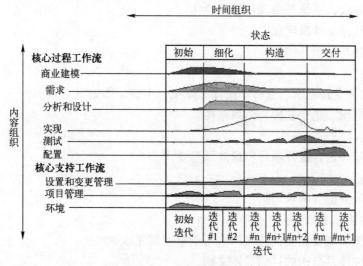

图 1-7　RUP 开发模型

RUP 的优点如下：

1）迭代式开发。迭代式开发允许需求变更，通过不断迭代和细化加深对问题的理解，降低项目的风险。

2）管理需求。RUP 方法提供了如何提取、组织系统的功能和约束条件，并将其文档化。

3）基于构件的体系结构。基于构件的体系结构有助于管理复杂性，提高重用率。

4）可视化建模。RUP 采用 UML 对软件系统建立可视化模型。

5）验证软件质量。RUP 方法将软件质量评估内建于开发过程中的每个环节。

6）控制软件变更。RUP 描述了如何控制、跟踪、监控、修改以确保成功的迭代开发。

1.3.1 RUP 的 4 个阶段

RUP 方法将软件生命周期分为 4 个阶段：初始阶段、细化阶段、构造阶段、交付阶段。每个阶段结束于一个里程碑，并在每个阶段的结尾执行一次评估，以确定这个阶段的目标是否已经实现，只有当评估结果满足要求，才允许项目进入下一个阶段。每个阶段本质上是两个里程碑之间的时间跨度。

1. 初始阶段

初始阶段的焦点是需求和分析工作流，主要工作如下：

1）说明项目规模，确定重要需求和约束，制定最终产品的验收标准。

2）项目风险预测。评估风险管理、人员配备、项目计划以及成本/进度/收益折中的被选方案。

3）设计系统体系结构方案，并进行评估。

4）准备开发环境、改进业务流程。

本阶段的评估标准如下：

1）投资者制定的系统范围、开发费用和开发进度。

2）主要用例与系统需求的一致性。

3）用例优先级、系统风险和可行性评估。

4）评估系统原型的深度和广度。

5）实际开销与计划开销。

2. 细化阶段

细化阶段的焦点是需求、分析和设计工作流，主要工作如下：

1）分析问题域，建立软件的体系结构。

2）编制项目计划。

3）细化风险评估，避开项目中最高风险要素。

4）定义质量评估标准。

5）捕获系统大部分需求用例。

本阶段的评估标准如下：

1）构建用例模型及相关描述文档。用例模型需完成 80%。

2）设计软件体系结构的详细描述文档。

3）开发可执行的系统原型。

4）细化风险列表。

5）创建整个项目的开发计划。

3. 构造阶段

构造阶段的焦点是实现工作流，完成全部的需求分析、设计、实现和详细测试，本阶段主要工作如下：

1）优化资源、优化软件质量，使开发成本降到最低。

2）完成所有功能的分析、设计、实现和测试，创建软件的初始版本。

3）迭代式、递增地开发随时可以发布的产品。

4）部署完善软件系统的外部环境。

4. 交付阶段

交付阶段的焦点是实现和测试工作流，主要工作如下：

1）进行 Beta 版测试，按用户的要求验证新系统。

2）替换旧的系统。

3）对用户和维护人员进行培训。

4）对系统进行全面调整。

5）与用户达成共识，配置基线与评估标准一致。

1.3.2　RUP 的工作流

RUP 方法包括 9 个工作流，其中，有 6 个核心工作流、3 个辅助工作流。9 个工作流在整个生命周期中以不同的重点和强度重复迭代。下面简述 9 个工作流。

1. 商业建模

商业建模也称业务建模。业务建模的目标是设计更合理、有效的业务蓝图，为实现这个蓝图而设计业务用例模型。同时，重新设计业务组织、业务过程、业务目标，以及组织中的责任、角色和任务。理解业务模型是需求工作的基础。

2. 需求

需求的目标是确定系统应该做什么。开发人员和用户为这一目标达成共识，对系统的功能和约束进行提取、组织、文档化（特别是对问题的定义和范围进行文档化）。

捕获需求包括 5 个方面的工作：

1）确定参与者和用例。确定参与者和用例的目的是界定系统的范围，确定哪些参与者将与系统进行交互，以及他们将从系统中得到哪些服务；捕获和定义术语表，这是对系统功能进行详细说明的基础，如图 1-8 所示。

确定参与者和用例的过程通常包括 4 个步骤：确定参与者、确定用例、简要描述每个用例和概要描述用例模型。实际中，这些步骤通常是并发执行的。

2）区分用例的优先级。决定哪些用例放在迭代的前期开发（包括分析、设计、实现等），哪些用例放在迭代的后期开发，如图 1-9 所示。

3）详细描述用例。详细描述用例及其中的事件流，如图 1-10 所示。

4）构造用户界面原型。完成用例模型，就要着手设计用户界面，包括逻辑用户界面设计、实际用户界面设计和构造原型等部分，最终的结果是一个用户界面简图和用户界面原型，如图 1-11 所示。

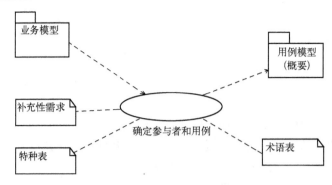

图 1-8 确定参与者和用例

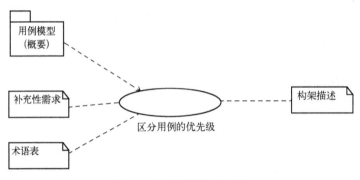

图 1-9 区分用例的优先级

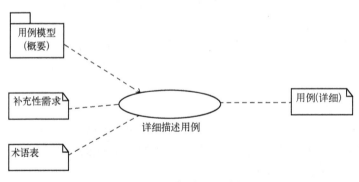

图 1-10 详细描述用例

5）构造用例模型。重新整理用例之间的关系，使模型更易于理解和处理，如图 1-12 所示。

3. 分析和设计

分析、设计的任务是将需求转化成未来系统的设计。分析是对业务系统进行分析、修改后，获得一个针对业务系统的分析模型。设计是为了实现业务系统的功能和用户需求，设计一个软件系统。

分析工作流主要包括架构分析、分析用例、分析类和分析包，详细说明如下：

1）架构分析。架构分析的目的是通过分析包、分析类，并结合系统约束和特殊需求，以包的格式表示系统架构，以文本格式描述构架，如图 1-13 所示。

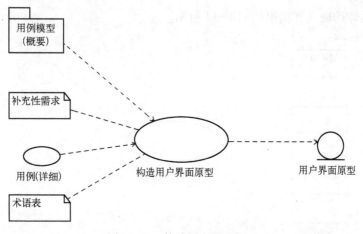

图 11-11 构造用户界面原型

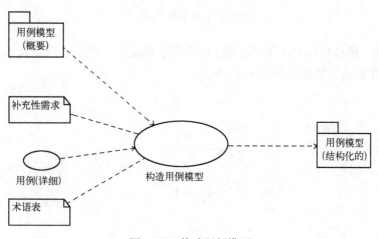

图 1-12 构造用例模型

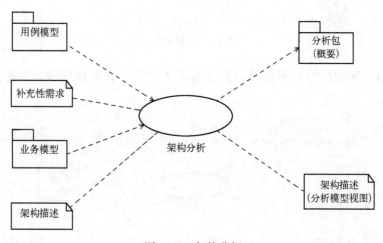

图 1-13 架构分析

2）分析用例。找出实现用例的对象，这些对象间的协作实现用例的功能，用例实现用协作图表示。具体的输入和输出如图 1-14 所示。

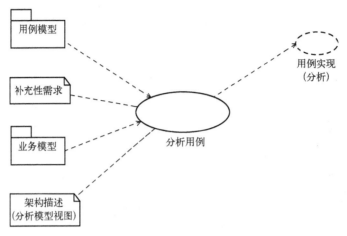

图 1-14　分析用例

3）分析类。依据分析类在用例实现中的角色，确定类的属性、职责及与其他类之间的协作关系。具体的输入和输出如图 1-15 所示。

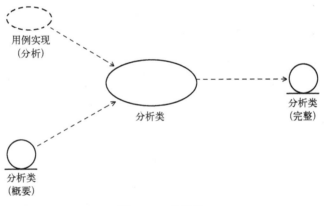

图 1-15　分析类

4）分析包。消除包的循环依赖，确保包的大小适中。具体的输入和输出如图 1-16 所示。

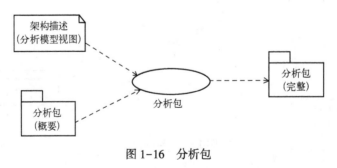

图 1-16　分析包

设计工作流主要集中于细化阶段的最后部分和构造阶段的开始部分。设计工作流主要包括体系结构的设计、类设计和接口设计，详细说明如下。

1）架构设计。架构的设计是设计阶段首要进行的活动，主要目的是描述节点及其网络配置、子系统及其接口，以及识别对架构有重要意义的设计类（如主动类），即设计类图和实施模型及其架构描述。具体的输入与输出如图 1-17 所示。

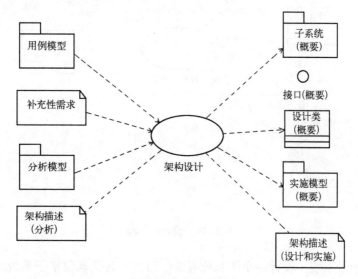

图 1-17　架构设计

2）设计一个用例。包括识别设计类、识别子系统、定义接口和设计用例实现 4 个部分。具体的输入和输出如图 1-18 所示。

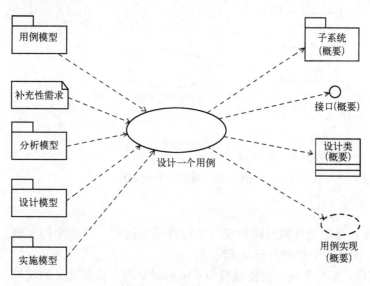

图 1-18　设计一个用例

3）设计一个类。确定类的操作、属性，以及与其他类之间的协作关系。具体的输入和输出如图 1-19 所示。

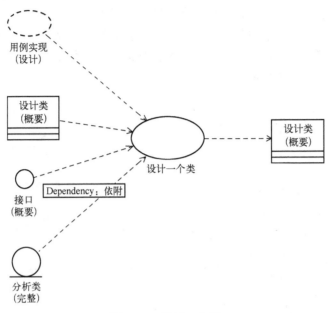

图 1-19　设计一个类

4）设计一个子系统。设计一个子系统有 3 个目的：为了确保该子系统尽可能地独立于其他的子系统或它们的接口，确保该子系统提供正确的接口，确保子系统实现其接口所定义的操作。具体的输入和输出如图 1-20 所示。

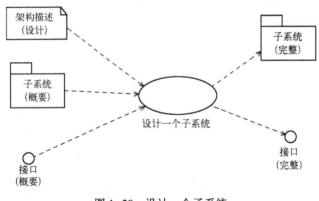

图 1-20　设计一个子系统

4. 实现

实现（实施）是把设计模型映射成可执行代码的过程，包括架构实现、系统集成、实现一个子系统、实现一个类和执行单元测试。

1）架构实现。架构实现的主要流程为：识别对架构有重要意义的构件，例如可执行构件；在相关的网络配置中将构件映射到节点上。

架构实现由构架设计师负责，主要的输入和制品（见 1.4 节）如图 1-21 所示。

2）系统集成。系统集成的主要流程为：创建集成构造计划，描述迭代中所需的构造和对每个构造的需求；在进行集成测试前集成每个构造品。

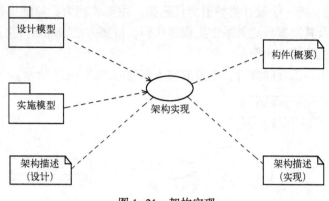

图 1-21 架构实现

系统集成由系统集成人员负责，主要的输入和制品如图 1-22 所示。

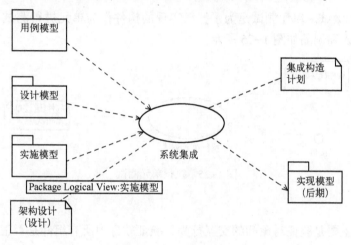

图 1-22 系统集成

3）实现一个子系统。即实现子系统的接口的功能。由构件工程师负责实现子系统，主要的输入和制品如图 1-23 所示。

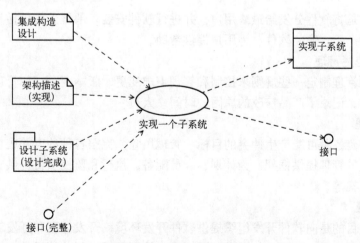

图 1-23 实现一个子系统

4）实现一个类。把一个设计类映射为代码类。主要流程为：勾画出将包含源代码的文件构件，从设计类及其所参与的关系中生成源代码，按照方法实现设计类的操作，确保构件提供的接口与设计类的接口相符。

实现一个类由构件工程师负责，主要的输入和制品如图 1-24 所示。

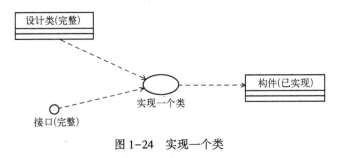

图 1-24　实现一个类

5）执行单元测试。单元测试是为了把已实现的构件作为单元进行测试，由构件工程师负责，主要的输入和制品如图 1-25 所示。

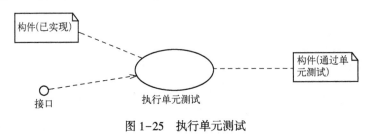

图 1-25　执行单元测试

5. 测试

测试的目的主要是验证对象间的交互行为、验证软件中所有组件是否正确集成、检验所有的需求是否正确地实现，在软件部署之前识别并处理所有的缺陷。通过迭代方法，尽可能早地发现缺陷，降低修改缺陷的成本。测试类似于三维模型，分别从可靠性、功能性和系统性来进行。

6. 部署

部署的目的是将软件分发给最终用户，并进行软件安装。部署工作包括软件打包、生成软件本身以外的产品、安装软件、为用户提供帮助。

7. 配置和变更管理

配置和变更管理制定一些规则来控制和管理需求变更、版本变更，如管理并行开发、分布式开发，同时，记录了产品修改的原因、时间、人员。

8. 项目管理

项目管理平衡各种可能产生冲突的目标、管理风险，克服各种约束并成功交付产品。其目标包括为项目的管理提供框架，为计划、人员配备、执行和监控项目提供实用的准则，为管理风险提供框架等。

9. 环境设置

环境设置的目的是向软件开发组织提供软件开发环境、开发过程和开发工具。环境工作流集中于配置项目过程中所需要的活动，同样也支持开发项目规范的活动，提供了逐步的指导手册，并介绍了如何在组织中实现的过程。

1.3.3 RUP 裁剪

RUP 是一个通用的软件开发过程模板，包含了很多开发指南、制品、开发过程所涉及的角色说明。针对不同的开发机构和项目，运用 RUP 开发项目时还要对其裁剪，也就是配置 RUP。通过裁剪 RUP 可以得到很多不同的开发过程，可以把裁剪后的 RUP 看作 RUP 的具体实例。RUP 裁剪可以分为以下 5 步：

1）确定本项目需要哪些工作流。9 个 RUP 工作流并不总是必要的，可以取舍。

2）确定每个工作流需要输入哪些制品，对制品加工后，再确定需要输出哪些制品。

3）确定 4 个阶段之间如何演进。确定阶段间演进要以风险控制为原则，决定每个阶段需要执行哪些工作流，需要每个工作流执行到什么程度。这里要清楚有哪些制品，每个制品完成到什么程度。

4）确定每个阶段内的迭代计划。规划 RUP 的 4 个阶段中每次迭代开发的内容。

5）规划工作流内部结构。工作流涉及角色、活动及制品，它的复杂程度与项目规模即角色的多少有关。最后规划工作流的内部结构，通常以活动图的形式给出。

1.4 软件制品

在软件开发过程中产生的所有物理型事物称为制品。例如，需求文档、分析文档、设计文档、可执行的程序、各种库、各种构件、表、文件等都是制品。按照软件开发周期，可将制品分为需求制品、分析制品、设计制品和实现制品。

1. 需求制品

在需求阶段创建的需求定义文档、用例图、用例规格描述表、活动图都是需求制品。需求制品是软件开发的最早的制品。为了便于追溯软件问题所在，需要给每个需求制品编号。例如，能将分析制品中的每一项回溯到需求制品，能将设计制品中的每一项回溯到分析制品，能将实现制品中的每一项回溯到设计制品。为了便于分析制品的追溯，给每个需求制品进行了编号。

2. 分析制品

分析是对业务系统、业务流程和业务内容的分析。在分析阶段创建的分析文档、各种图、表和说明性文件都是分析制品，例如，类图、活动图及其说明文档都是分析制品。为了便于设计制品的追溯，给每个分析制品进行了编号。

3. 设计制品

设计是为了构造一个满足需求规格说明书的软件系统。在设计阶段创建的设计文档、各种图、表和说明性文件都是设计制品，例如，类图、对象图及其说明文档都是设计制品。为了便于实现制品的可追溯性，为每个设计制品进行了编号。

4. 实现制品

实现是指完成了软件系统的创建和测试。在实现阶段创建的可执行文件、实现文档、各种图、表和说明性文件都是实现制品，例如，构件图、部署图、可执行程序、动态链接库及其说明文档都是实现制品。为了便于维护的可追溯性，给每个实现制品进行了编号。

1.5　软件模型

模型就是用图形对一个物体或系统的简化表示。如地球仪就是一个模型，它是对地球的简化表示。

1.5.1　模型的用途

开发软件包括两个方面的工作：第一是了解业务系统，对业务内容、业务过程和业务规则的理解与表示；第二是设计软件系统，包括设计软件的体系结构、软件模块设计、用户界面设计和数据结构设计。

由于业务规模和复杂度不断增加，软件的规模和复杂度也随之不断增加，因此，人们对业务的理解以及对软件的设计和构造也越来越困难。此时，在理解业务和需求时，只有借助 UML 这种建模语言来表示和理解业务。在规划和设计软件系统时，需要借助 UML 来设计和构造未来的软件系统，以此展示软件系统的结构、组成和交互。

模型在软件开发过程中的用途是：第一，对业务系统建模；第二，对软件系统建模。

1. 对业务系统建模

业务系统建模就是用模型表示业务内容和业务过程。用户对业务过程的建模，不仅是为了理解业务的内容中规定了要做什么、业务是如何进行的，同样也是为了识别业务的变更对业务造成的影响。对业务建模，有助于发现业务的优缺点，找出需要改进和优化的地方，在某些情况下还可以对几个可选的业务过程进行仿真。

2. 对软件系统建模

软件系统建模就是用模型表示软件的结构和组成，方便软件设计人员理解和修改软件方案，确保软件设计和计划能正确地实现，同时，一旦设计和计划需要修改时，修改后的软件系统同样经受得起时间的检验，例如当在一个软件系统中增加一个组件时，要保证系统不会因为增加了该组件而崩溃。

1.5.2　建模目的和原则

作曲家会将其大脑中的旋律谱成乐曲，建筑师会将其设计的建筑物绘制成蓝图，这些乐曲、蓝图就是**模型**（Model），而**建构这些模型的过程就称为建模（Modeling）**。

1. 建模目的

软件开发如同音乐谱曲及建筑设计，其过程也是将需求、分析、设计、实现、部署等各项工作流程的构想，用设计蓝图表示出来，供分析师、设计师、程序员、测试人员沟通、理解和修改。

建立大厦和搭建狗窝的区别是搭建狗窝不需要设计。因为建立大厦规模庞大，设计复杂，所以，建立大厦前必须有大厦的设计蓝图，而搭建一所狗窝简单，不需要设计。同理，要开发大规模的复杂软件系统，必须首先了解用户需求，然后设计出软件系统的蓝图，即对软件系统建模。建模的目的有 5 个：

1）建立业务模型，对业务内容和业务过程可视化。以业务模型为中介，便于领域专家、用户和分析师对业务内容和业务过程的理解、沟通和修改。

2）建立用例模型，对软件系统的功能可视化。通过用例模型展示软件开发计划、进度。

3）建立软件体系模型，对软件体系结构可视化。设计师通过体系结构模型了解软件系统的宏观组成、结构和接口。

4）建立设计模型，对软件模块、组成可视化。以软件设计模型为样板，构造软件系统。

5）建立软件的行为建模，对软件组件的交互可视化。便于程序员对软件细节的理解和沟通。

2. 建模原则

对业务和软件建模是为了通过模型展示业务和软件系统，方便开发人员理解、沟通和修改。通过业务模型，用户与分析师共同理解业务内容和过程；通过需求模型，用户与分析师共同理解用户需求；通过设计模型，分析师与设计师共同设计和修改软件模型；通过测试模型，方便测试员测试软件。为了实现这些目标，建模应遵循以下原则：

1）仅当需要时才为业务或软件系统构建模型。

2）业务模型应真实地反映业务组成、业务内容和业务流程。

3）软件模型应反映软件系统的组成和结构。

4）模型应该反映设计师的设计方案。

5）用一组相对独立的模型从不同的侧面描述重要的业务或软件系统。

1.5.3　模型种类

模型按软件开发的阶段性可分为以下 5 种。

1. 业务模型

业务模型展示业务过程、业务内容和业务规则。常用对象模型表示业务模型。

2. 需求模型

需求模型展示用户要求和业务要求。需求模型常由用例模型表示。

3. 设计模型

设计模型包含架构模型和详细设计模型。架构模型展示软件系统的宏观结构和组成；详细设计模型展示软件的微观组成和结构。详细设计模型常由对象模型表示。

4. 实现模型

实现模型（也称为物理模型）描述了软件组件及其关系（常由构件图或部署图组成）。

5. 数据库模型

数据库模型描述数据组成及其关系。

1.6　小结

本章介绍了软件工程发展简史、几种典型的软件过程和软件制品，还介绍了软件模型的种类、用途和建模原则。通过本章的学习，对软件开发过程、开发方法有一定的认识和了解，为后面学习 UML 打下基础。

1.7 习题

1. 什么是软件工程？
2. 软件工程发展分哪几个阶段？
3. 传统软件开发方法包括哪 6 个阶段？
4. 什么是软件过程？典型的软件过程有哪几种？
5. 什么是软件制品？
6. 什么是 RUP？RUP 有哪些特点？
7. 什么是软件模型？为什么要建模？

第 2 章
UML 概述

20 世纪 90 年代末，在面向对象的软件开发过程中，广泛使用 UML 对系统的产品进行模拟、说明、可视化和文档编写。

本章要点

UML 定义和特点。

UML 概念模型。

体系结构建模。

UML 工具介绍。

学习目标

熟悉 UML 的定义和特点。

熟悉 UML 概念模型。

掌握 UML 工具。

2.1 什么是 UML

统一建模语言（Unified Modeling Language，UML）是对象管理组织制定的一个通用的可视化设计语言，常使用该语言对业务系统和软件系统建模。

2.1.1 UML 简史

面向对象的设计语言出现在 20 世纪 70 年代中期，到 1994 年软件设计语言增加到了五十多种，在众多的设计语言中有 4 种软件开发方法对 UML 的诞生有重要的影响，简要介绍如下：

1）1989 年，Coad 和 Yourdon 提出的面向对象开发方法，对类的设计提出了一套系统的原则。

2）1991 年，Booch 提出了面向对象软件工程的概念，将之前面向 Ada 的工作扩展到面向对象的设计领域。

3）1993 年，Rumbaugh 等人提出了面向对象的建模技术（OMT 方法），该方法采用了面向对象的概念，并引入独立于语言的表示符，同时使用对象模型、动态模型和用例模型共同完成对整个系统的建模。

4）1994 年，Jacobson 提出了 OOSE（面向对象的软件工程），该方法最大的特点是面向用例（Use-Case），并在用例描述中引入了外部角色。

众多的设计语言给用户带来两个重要的困惑：第一，用户没有能力区别不同语言之间的差别；第二，设计语言之间的细微差别妨碍了用户之间的交流。

为了消除不同设计语言给软件开发者带来的困惑，1995年秋，在 Booch、Rumbaugh 和 Jacobson 三人领导下，联合设计小组在众多语言的基础上，统一了 Booch 方法、Rumbaugh 方法、Jacobson 方法和其他面向对象方法所涉及的概念与建模符号，设计了 UML，于1996年6月和10月分别发布了 UML 0.9 和 UML 0.91，并将 UM 重新命名为 UML。

2.1.2 UML 定义

任何语言都提供了词汇表和词汇组合规则。UML 的词汇表（构造块）和词汇组合规则（UML 规则）强调对系统进行概念描述与物理描述。相应地，UML 定义包括语义、规则和表示法三个部分：

1) UML 语义。UML 元素代表的语义简单、通用，还可以扩展 UML 元素的语义。

2) UML 规则。像任何语言一样，UML 有一套规则，规则把不同的 UML 元素结合在一起。

3) UML 表示法。每个 UML 元素有一个图形符号。开发者或开发工具在使用图形符号时，都会遵循相应的 UML 符号的表示准则。

2.1.3 UML 的特点

UML 的主要特点如下：

1) 统一了标准。UML 被 OMG（对象管理组织）认定为建模语言的标准。

2) 面向对象。支持面向对象的软件开发。

3) 可视化建模。UML 是图形化语言，用图形符号对系统建模。

4) 独立于开发过程。UML 支持所有的开发过程和开发过程中的任一阶段。

5) 简单明了，易学易用。

6) 支持模型与代码之间的转换。模型可以被 UML 工具转化成指定的程序语言代码，程序语言代码也可以转换为模型。

总之，UML 是一种定义良好、易于表达、功能强大且普遍适用的设计语言，它融入了软件工程领域的新思想、新方法和新技术，并支持软件开发的全过程。

2.2 UML 概念模型

UML 是一种绘制软件蓝图的模型设计语言。正如中文语言是由词、语法规则组成的一样，UML 由构造块（相当于词汇）、规则（相当于语法）和通用机制三个部分构成，其概念模型如图 2-1 所示。

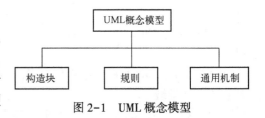

图 2-1　UML 概念模型

2.2.1 构造块概述

UML 构造块是构造模型的基本元素。UML 构造块包括事物、关系和图，如图 2-2 所示。

1）事物。事物代表简单实体（如学生、教师等）。

2）关系。关系代表实体间的联系（如同学关系、同事关系等）。

3）图。图是由多个事物按照某种规则连接在一起组成规模更大的事物（如人是由一个脑袋、一个身体、两只手、两条腿按照某个规则组成。人既是一个图，也是一个事物）。

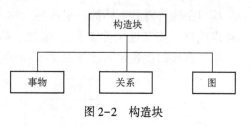

图 2-2　构造块

2.2.2　构造块：事物

事物是 UML 中最基本的构造块，它包括 4 类：结构事物、行为事物、分组事物和注释事物。

1. 结构事物

结构事物是 UML 中的名词，代表系统中的概念或者物理实体，是模型的静态部分。结构事物进一步细分为 7 种，分别是类和对象、接口、用例、协作、构件、结点和制品。下面分别介绍 7 种结构事物的概念和表示法。

（1）类和对象

类是对具有相同属性、相同操作以及相同关系的一组对象的共同特征的抽象。类是对象的模板，对象是类的一个实例。

用一个长方形表示类，垂直地把长方形分为三栏，第一栏列出类名，第二栏列出类的属性，第三栏列出类的操作。类名不能省略，属性和操作可以不用列出。

图 2-3 是 Flight 类（航班）的 UML 表示法。第一栏中写类名 Flight；第二栏列出类的 3 个属性：flightNumber、departureTime 和 flightDuration；第三栏列出类的两个操作：delayFlight( ) 和 getArrivalTime( )。

图 2-4 是对象"李世民"的 UML 表示法。用格式"对象名：类名"表示一个对象，对象名和类名下面必须带下画线。

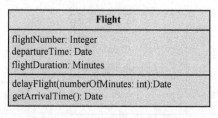

Flight
flightNumber: Integer departureTime: Date flightDuration: Minutes
delayFlight(numberOfMinutes: int):Date getArrivalTime(): Date

图 2-3　Flight 类的 UML 符号

李世民：People

图 2-4　对象"李世民"的 UML 符号

对象分为主动和被动对象。主动对象不需要外部干预就可以改变自身状态，被动对象需要外部干预才能改变自身状态。例如，定时器和闹钟就是主动对象，它们可以在没有外部事件触发的情况下改变自身状态。而银行账户无法改变账户余额，除非银行账户接收到一条设置余额的消息，账户才改变状态，即账户是一个被动对象。

用主动类创建的对象就是主动对象。主动类的表示与一般的类相似，只是矩形框用粗线表示而已，如主动类（时钟）的表示方法如图 2-5 所示。

（2）接口

接口是构件对外声明的一组服务。构件已实现的服务称为供给接口，构件需要的服务称为需求接口（由其他构件实现）。总之，接口就是一组服务声明。

供、需接口的表示方法如图2-6所示。

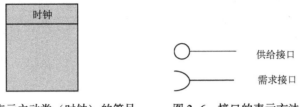

图 2-5　表示主动类（时钟）的符号　　　图 2-6　接口的表示方法

假设计算机中有 3 个构件，一位只懂中文不懂英文的人、翻译机和转换器。

翻译机实现了翻译服务（中-英翻译、英-中翻译），因此，翻译机有一个供给接口，接口被命名为：Translation，该接口声明的服务列表：（中-英翻译、英-中翻译）。翻译机需要转换服务（D/A 转换、A/D 转换），因此，翻译机有一个需求接口，被命名为：Change。用模型表示翻译机及其接口，如图2-7所示。

转换器实现了转换服务（D/A 转换、A/D 转换），因此，转换器有一个供给接口，接口被命名为：Change，该接口声明的服务列表：（D/A 转换、A/D 转换）。用模型表示转换器及其接口，如图2-8所示。

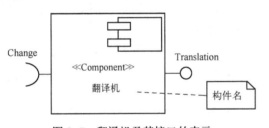 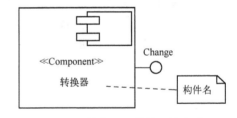

图 2-7　翻译机及其接口的表示　　　　图 2-8　转换器及其接口的表示

人需要翻译机提供的翻译服务（中-英翻译、英-中翻译），即人的需求接口是：Translation。用模型表示人及其接口，如图2-9所示。

（3）用例

把完成某个任务而执行的一系列操作的集合称为场景。例如，客户小刘在柜员机上取款 500 元的操作序列构成一个

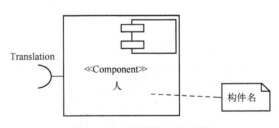

图 2-9　人及其接口的表示

场景；客户小王在柜员机上取款 300 元的操作序列也是一个场景。无论多少个客户，他们在柜员机上取款的一系列操作是相似的，即所有客户取款的场景是相似的，只是取款时输入的密码、取款金额不同。

用例抽取一组相似场景中的共同操作，例如，可以用一个操作序列描述所有取款客户的共同行为。因此，用例的一次执行过程就是一个场景，即场景是用例的一个实例。用例与场

景的关系正如类与对象的关系。

在 UML 中，用例是用一个实线椭圆来表示的，在椭圆中写上用例名称，如用例"取款"的表示方法如图 2-10 所示。

图 2-10 用例"取款"的表示方法

（4）协作

对象之间相互发送和接收消息的现象称为交互。把一组对象为了完成某个任务，相互合作的现象称为协作。协作用一个带有两个分栏的虚线椭圆表示，如图 2-13 所示。

场景是用例的一个实例，多个对象间的协作实现了场景，也就是说，协作就是用例的实现。

图 2-11 所示，工厂两个男工人抬水，其中，a 和 b 分别是两个工人，x 是扁担，y 是水桶。

图 2-12 所示，学校宿舍两个女学生抬水，其中，a1 和 b1 分别是两个学生，x1 是扁担，y1 是水桶。

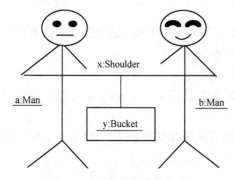

图 2-11 工厂两个男工人抬水

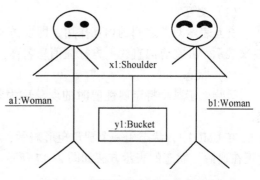

图 2-12 学校宿舍两个女学生抬水

与图 2-11、图 2-12 类似，全国有很多两人抬水的案例，完成抬水任务的四个对象分别是：两个人、一个扁担和一个水桶，用协作图表示，如图 2-13 所示。

注意：协作图由类、接口组成，不是由对象组成。

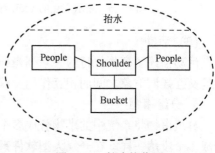

图 2-13 抬水协作图

（5）构件

构件（也称组件）是一个相对独立的软件部件，它把功能实现隐藏在内部，对外声明了一组接口（供给接口和需求接口）。因此，两个具有相同接口的构件可以相互替换。

构件是比"对象"更大的软件部件，例如一个 COM 组件、一个 DLL 文件、一个 JavaBeans 以及一个执行文件都可以是构件。构件通常采用带有两个小方框的矩形表示，构件的名字写在方框中，如图 2-14 所示。

（6）结点

结点是一个物理部件，通常具有存储空间或处理能力，如 PC、打印机、服务器、显示器等都是结点。在 UML 中，用一个立方体表示一个结点，例如，结点"显示器"的表示方法如图 2-15 所示。

图 2-14 表示构件的 UML 符号   图 2-15 结点"显示器"的 UML 符号

（7）制品

制品是系统中的物理部件，它包括物理信息（比特流）。制品用一个矩形表示，制品的构造型是<artifact>。本书在 9.5 节讨论制品。

2. 行为事物

行为事物包括 3 种：交互、状态、活动，即它描述了事物之间的交互、交互引起的事物状态变化，以及交互引起的活动轨迹。

（1）交互

交互表示对象之间的相互作用，即发送和接收消息的现象。对象间的交互用一条有向直线来表示，并在有向直线上方标注消息名称，如图 2-16 所示。

（2）状态

事物处于某个特定属性值时的现象称为状态（如年龄处在 0~12 岁时的人处于少年状态）。

在 UML 中，状态用一个圆角矩形表示，状态名称写在圆角矩形框中。例如，手机处在"正在通话"状态的表示方法如图 2-17 所示。

图 2-16 表示交互的 UML 符号   图 2-17 表示"正在通话"状态的 UML 符号

（3）活动

活动描述了事物执行的一系列操作。本书在第 6 章讲解活动图。

交互强调对象之间的相互作用，状态机强调的是状态迁移，活动强调的是执行步骤。

3. 分组事物

分组事物将系统中的事物分成多个部分进行管理，就像中文语言里的段标记把一篇文章分成多个段落一样。在开发大型软件系统时，通常会包含大量的类、接口以及用例，为了有效地对这些类、接口和用例进行分类和管理，就需要对其进行分组。在 UML 中可通过"包（Package）"来实现这一目标，即通过包对事物进行分组。

表示"包（Package）"的图形符号与 Windows 中表示文件夹的图形符号很相似，包的作用与文件夹的作用也很相似。例如，Java 语言中的"java. awt"包，用 UML 符号表示，则如图 2-18 所示。

4. 注释事物

注释就是对其他事物进行解释、说明，一般用文字解释。注释符号用一个右上角折起来的矩形表示，解释的文字就写在矩形框中，如图 2-19 所示。

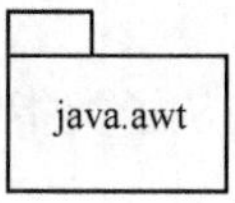

图 2-18　表示"java. awt"包的 UML 符号 　　　　图 2-19　表示注释的 UML 符号

2.2.3　构造块：关系

UML 中的关系包括 6 类：关联、聚合和组合、泛化、实现、依赖、扩展，进一步细化为 24 种，相应地有 24 种关系符号，如表 2-1 所示。

表 2-1　UML 中的关系及其符号

关系	关系细化	UML 中的关系	UML 符号	关系	关系细化	UML 中的关系	UML 符号
抽象	派生	依赖关系	<<derive>>	导入	私有	依赖关系	<<access>>
	显现		<<manifest>>		公有		<<import>>
	实现	实现关系	虚线加空心三角	信息流			<<flow>>
	精化	依赖关系	<<refine>>	包含并			<<merge>>
	跟踪		<<trace>>	许可			<<permit>>
关联		关联关系	实线	协议符合			未指定
绑定		依赖关系	<<bind>>（参数表）	替换			<<substitute>>
部署			<<deploy>>	使用	调用	依赖关系	<<call>>
扩展	Extend		<<extend>>（扩展点）		创建		<<create>>
扩展	extension	扩展关系	实线加实心三角		实例化		<<instantiate>>
泛化		泛化关系	实线加空心三角		职责		<<responsibility>>
包含		依赖关系	<<include>>		发送		<<send>>

（1）关联

关联是关系中最高层次的抽象，在所有关系中关联的语义最弱。聚合、组合、实现、泛化和依赖也是关联，但是，包含的语义更丰富、具体。

在 UML 中，关联用一条实线来表示，如图 2-20 所示。

Java 语言能实现聚合和组合，不能实现关联，所以，分析阶段的关联必须转换为聚合、组合或者依赖。

图 2-20　关联的 UML 符号

（2）聚合和组合

聚合和组合都是描述整体与部分之间的关系。

在聚合关系中，部分不依赖于整体而存在，例如，计算机与外围设备就是聚合关系。聚合的图形符号如图 2-21a 所示，整体放置在菱形端，部分放置在另一端。

在组合关系中，部分依赖于整体而存在，例如，树和叶子就是组合关系，叶子完全依赖树而存在，当树死去时叶子也会随之死去。组合的图形符号如图 2-21b 所示。整体放置在菱形端，部分放置在另一端。

（3）泛化

泛化描述特殊事物到一般事物之间的关系。泛化的符号是从子类指向父类的带空心箭头的实线，如图 2-22 所示。

图 2-21　聚合和组合的 UML 符号　　　　图 2-22　泛化的 UML 符号

（4）实现

实现描述类与接口之间的关系。表示实现关系的符号是从类指向接口的带空心箭头的虚线，其表示方法如图 2-23 所示。

（5）依赖

假设有两个元素 x、y，如果元素 x 的值发生变化，就会引起元素 y 的值的变化，则称元素 y 依赖于元素 x。依赖关系的表示如图 2-24 所示。

图 2-23　实现的 UML 符号　　　　图 2-24　依赖的 UML 符号

聚合、组合、泛化以及实现都属于依赖关系，但是它们有更特别的语义。

（6）扩展

在 UML 中，用一个带封闭箭头的实线表示扩展，如图 2-25 所示。这里的扩展含义是指对一个元类的扩展，即通过扩展元类的语义获得新的元类。

图 2-25　扩展的 UML 符号

2.2.4　构造块：图

由 m 个顶点和 n 条边构成一个图，其中，顶点是事物，边是关系。图是大的构造块。

UML 中的图分为结构图和行为图。结构图展示事物的组成及关系，行为图展示事物间的交互行为。下面是 UML 图的组成，如图 2-26 所示。

1. 结构图

常用 UML 结构图对系统的静态方面可视化，展示系统相对稳定的骨架。正如房子的静态方面是由墙、门、窗、管子、电线、通风孔等事物的布局组成一

图 2-26　UML 图的组成

样，软件系统的静态方面则是由类、接口、协作、构件和结点等事物组成。UML 结构图是根据事物的主要组成部分来构建模型的。

结构图又分为 6 种，如图 2-27 所示。

（1）类图

类图展示了系统中事物的组成、结构以及事物之间的关系。常用类图描述系统的逻辑设计和物理设计。类图包含的主要 UML 元素有：类、接口、关系。

图 2-27　结构图类型

（2）构件图

在基于构件的软件开发过程方法中，构件图展示系统中构件的组成、结构及其关系。当构件实例化时，也实例化了其内部部件。构件图的主要 UML 元素有：构件、端口、连接件。

（3）对象图

对象图展示系统中对象的组成、结构及其关系。对象图是类图的实例。对象图中的主要 UML 元素有：对象、链接。

（4）部署图

部署图展示系统中物理结点、结构及其关系，也可以展示构件在结点上的部署情况。部署图包含的主要 UML 元素有：构件、结点、链接。

（5）组合结构图

组合结构图展示类或构件的内部结构及其关系。

（6）包图

包图展示系统中包之间的关系。常用包图对软件系统的体系结构建模。

2. 行为图

行为图常用于对系统的动态行为可视化，展示系统的行为特征。正如房子建好以后，人在房子里走动、呼吸、睡觉，空气在房子里流动，与此相似，软件系统中流动的信息、信号、数据也是在动态交互。通常通过行为图描述软件系统的行为。行为图又细分为 7 种，如图 2-28 所示。其中，交互图是指图中对象之间通过消息发生交互，包括顺序图、协作图、定时图和交互概览图。

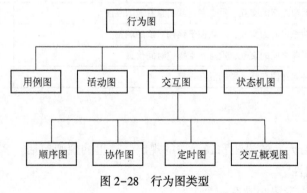

图 2-28　行为图类型

（1）活动图

活动图展示系统内部的控制流程。通常需要使用活动图描述不同的业务过程。

（2）状态图

状态图显示对象从一种状态迁移到其他状态的转换过程。例如可以利用状态图描述电话系统中交换机的状态迁移过程。不同的事件触发交换机转移到不同的状态。在 UML 2.0 中，状态图被称为状态机图。

（3）协作图

协作图突出对象之间的合作以及交互时每个对象承担的职责。

（4）顺序图

顺序图强调系统中对象相互作用时消息的先后顺序。

（5）定时图

定时图描述了交互对象的状态转换或条件变化有关的详细的时间信息。

（6）交互概观图

交互概观图从总体上显示交互序列之间的控制流。

（7）用例图

用例图描述了系统包含哪些服务，有哪些外部参与者。

在 UML 2.0 中共定义了 13 种图。表 2-2 列出了这 13 种图的作用。

表 2-2 UML 2.0 中的图

图分类	作　　用	描　　述
类图	描述系统中的类组成和类之间的关系	与 UML 1.0 相同
构件图	描述构件的结构与组成	与 UML 1.0 相同
对象图	描述系统在某个时刻对象的组成和关系	UML 1.0 非正式图
部署图	描述在系统中各个节点上的构件及其构件之间的关系	与 UML 1.0 相同
组合结构图	描述复合对象的内部结构	UML 2.0 新增
包图	描述系统的宏观结构，并用包来表示	UML 中非正式图
用例图	描述用户与系统如何交互及系统提供的服务	与 UML 1.0 相同
活动图	描述活动控制流程及活动节点的转换过程	与 UML 1.0 相同
状态机图	描述对象生命周期内，在外部事件的作用下，对象从一种状态如何转换到另一种状态	与 UML 1.0 相同
顺序图	描述对象之间的交互，重点在强调消息发送的顺序	与 UML 1.0 相同
协作图	描述对象之间的交互，重点在于强调对象的职责	UML 1.0 中的协作图
定时图	描述对象之间的交互，重点在于描述时间信息	UML 2.0 新增
交互概观图	是一种顺序图与活动图的混合嫁接	UML 2.0 新增

2.2.5　规则

规则就是对 UML 元素的语法和表示法的规定。这里的规则包括：名称、范围、可见性、完整性和可执行等属性。

1）名称。每个构造块必须有一个名字。

2）范围。每个构造块有作用范围。

3）可见性。因为构造块存在包中，所以，构造块有访问权限或者级别。正如 Java 语言中的类、接口都存在可见性一样，UML 中的构造块也存在可见性。

4）完整性。同一构造块在不同模型中的语义和表示法必须一致。

5）可执行。设计阶段中的 UML 构造块能转换为程序代码中的元素（类、接口、注释、消息），比如，设计阶段中的 Dog 类（构造块）能转换为代码中的 Dog 类。

构造块应该遵守的规则如图 2-29 所示。

图 2-29　构造块应遵守的规则

2.2.6　通用机制

有 4 种机制贯穿于整个 UML，它们是：规格描述、修饰、通用划分和扩展机制。

1. 规格描述

每个 UML 元素都有一个对应的**图形符号**，对图形符号语义的文字描述称为**规格描述**，**也称为详述**。

如图 2-30 所示，在左边的方框中有三个用图形符号表示的用例，分别是："存款""取款""转账"，每个图形符号代表的用例在右边的方框中对应一个详细的文字描述（规格描述）。

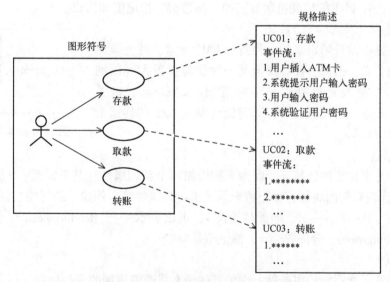

图 2-30　图形符号与对应的规格描述

2. 修饰

每个 UML 元素对事物的主要方面提供了可视化表示（图形符号），若想描述事物的细节，可以通过修饰来实现。例如，用斜体字表示抽象类，用+、-符号表示元素的可见性。所谓修饰就是增加元素符号的内涵，为被修饰的元素提供更多的信息。

3. 通用划分

在面向对象的软件开发过程中，对事物有 3 种划分方式：类与对象的划分、接口与实现的分离、类型与角色的分离。

（1）类与对象的划分

类是对一组对象共同特征的抽象，对象是类的一个实例。UML 的每个构造块几乎都存在"类–对象"这样的二分法。例如，用例和场景、构件和构件的实例、结点和结点的实例。

（2）接口与实现的分离

接口是声明服务，实现是指构件提供了接口声明的服务。UML 的每个构造块几乎都存在"接口–实现"这样的二分法。例如，用例和协作（协作实现了用例）、操作和实现操作的方法。用例是对事物功能的抽象描述，而协作则是实现用例的功能。操作名是服务声明，而方法体则是实现服务声明。因此，用例与协作、操作名与方法之间的关系就是接口和实现的关系。

（3）类型和角色的分离

类型声明了实体的种类，而角色描述了实体在语境中承担的职责。UML 的每个构造块几乎都存在"类型–角色"这样的二分法。每个实体同时具有两重性：它既属于一种类型，也具有角色含义。例如，人是一种类型，在这种类型中可以有具体的角色，比如父–子、经理–职员。

4. 扩展机制

由于 UML 提供的构造块无法描述现实世界中所有事物的特征，因此需要通过一些方法扩展构造块。UML 提供的扩展机制有三种：构造型、标记值和约束。

（1）构造型

构造型是指由设计师定义的一种新的 UML 元素，并为该元素赋予特别的含义，例如，设计师定义一种智能机器人（新的 UML 元素），并给该元素提供一个构造型：<Robot>，赋予 <Robot> 的语义是："智能机器人"。智能机器人 Jack 的构造型表示如图 2–31 所示。

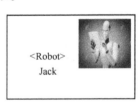

<Robot>
Jack

图 2–31　构造型的表示

（2）标记值

标记值是为事物添加新特征，即为事物增加一个新的属性。其格式是：｛标记名＝标记值｝，标记名代表事物的属性，标记值表示了事物的属性值。例如，给智能机器人 Jack 增加一种新的属性（Readingspeed，即阅读速度），可以表示为：｛Readingspeed＝"快"｝。其中，标记名是 Readingspeed，分隔符是＝，标记值是"快"。

（3）约束

约束就是给元素添加约束条件、增加新的语义或改变规则的一种机制。可以通过文本和 OCL（Object Constraint Language，对象约束语言）两种方法表示约束。

约束的表示方法和标记值的表示方法类似，都是把约束的语句写在花括号中。如对 people 类中人名（name）的约束，可以表示为：｛name　like　"李＊"｝，这个约束表示人的姓氏为李的所有人。

2.2.7　UML 视图

图是一种大的构造块，多个相关的图构成视图。如果要从某个角度描述系统，就要通过视图来实现。

在 UML 参考手册第 2 版中，UML 图可以构成 9 种视图，应用在 4 个领域。如表 2-3 所示。

表 2-3　UML 视图

应 用 领 域	视　　图	组成要素（图）
结构领域	静态视图	类图、对象图
	设计视图	复合结构图、协作图、构件图、对象图
	用例视图	用例图、顺序图
动态领域	状态视图	状态机图
	活动视图	活动图
	交互视图	顺序图、协作图、定时图、交互概述图
物理领域	部署视图	部署图
模型管理领域	模型管理视图	包图
	特性描述	包图

其中，结构领域的视图描述了系统中的成员及其相互关系；动态领域的视图描述了系统随时间变化的行为；物理领域的视图描述了系统的硬件结构和部署在这些硬件上的系统软件；模型管理领域的视图说明了系统的分层组织结构。

2.3　体系结构建模

RUP 统一过程强调体系结构建模。在软件开发的各个阶段，都是把系统的体系结构模型作为焦点来控制系统的迭代和增量式开发。

在开发过程中，为了清晰理解未来软件系统的体系风格、组织架构、组成元素、接口、行为、协作方式，就有必要从 5 个角度（5 种视图）对软件系统建模，这 5 个视图分别是：用例视图、设计视图、构件视图、并发视图和部署视图。在开发软件系统过程中，要以用例视图为中心去构造其他 4 种视图。

（1）用例视图

描述了系统的功能和参与者。用例视图由多个用例图组成。

（2）设计视图

又称逻辑视图，描述了软件系统的组成、结构和行为，是软件系统的蓝图。设计视图常由类图、交互图、状态图和活动图组成。

（3）构件视图

描述了软件系统的组成和结构。构件视图描述了系统包含的软件构件和文件。该视图常由一组构件图组成。

（4）并发视图

描述系统各部分之间的同步和异步执行情况。该视图由状态图和活动图来描述。

（5）部署视图

描述了软件系统的各部分如何部署到各硬件结点上。

图 2-32 描述了 5 种视图的逻辑关系。其中，用例视
图是其他 4 种视图的中心和焦点，也是系统开发的目标。

图 2-32　软件系统

2.4　UML 工具

UML 工具是帮助软件开发人员方便使用 UML 的软
件，它的主要功能包括：支持各种 UML 模型图的输入、
编辑和存储；支持正向工程和逆向工程；提供和其他开
发工具的接口。不同的 UML 工具提供的功能不同，各个功能实现的程度也不同。在选择
UML 工具时应考虑的几个主要因素是：产品的价格、产品的功能以及与自己的开发环境结
合的是否密切。

目前主要的 UML 工具有 Rational 公司的 Rose、Together Soft 公司的 Together 和 Microsoft
公司的 Visio 等。

2.4.1　UML 工具介绍

Rational 公司推出的 Rose 是目前最好的基于 UML 的 Case 工具，它把 UML 有机地集成
到面向对象的软件开发过程中。不论是在系统需求分析阶段，还是在对象设计、软件的实现
与测试阶段，它都提供了清晰的 UML 表达方法和完善的工具，方便建立其相应的软件模型。
使用 Rose 可以方便地进行软件系统的分析和设计，并能很好地与常见的程序开发环境衔接
在一起。

Rose 具有正向工程、逆向工程和对象模型更新等功能。用户修改模型后可以直接反映
到代码上，同样，用户对代码框架的修改也可以反映到模型上。另外，它还提供对多种程序
设计语言的支持，如 C++、Java、Visual Basic 等。

Visio Professional 2000 提供了内建的 UML 支持，如 Visio 绘图工具提供绘制多种图形的
功能，这是一个相当有价值的工具。

2.4.2　如何选择 UML 工具

UML 支持的工具众多。当用户需要 UML 工具时，应该如何从中进行选择？如何选中符
合自己要求，同时价格合适的工具？下面主要从技术方面来介绍在选择 UML 工具时应注意
的几个方面。

1. 支持 UML 1.3

虽然许多工具声称完全支持 UML 1.3，但实际上很难做到这一点。目前很多工具并不能
做到广告所声称的完全支持，但至少应支持用例图、类图、合作图、顺序图、包图以及状
态图。

2. 支持项目组的协同开发

对于一个大型项目，开发人员之间必须共享设计模型图，即允许某个开发人员访问所有
模型，而其他人员只能以只读方式访问该模型，或者将这些组件结合到自己的设计中。需要
注意的是，这种工具应允许从另一个模型中只引入所需要的组件，而不必引入整个模型。

3. 支持双向工程

正向工程和逆向工程是一项复杂的需求，不同厂商在不同程度上支持这一点。在第一

次，正向工程将模型转换为代码时非常有用，这项技术将节省许多用于编写类、属性以及方法代码等琐碎工作的时间。将代码转换成模型或对模型和代码进行重新同步时，逆向工程就显得非常有用。一种好的建模工具应该支持双向工程，即支持以下 5 种功能：

1）HTML 文档化。好的建模工具为对象模型及其组件无缝地产生 HTML 文档。而 HTML 文档应包括模型中的每个图形，以便开发者可以通过浏览器迅速查询。

2）打印支持。好的建模工具能够使用多个页面把一张大图准确地打印出来，并提供打印预览和缩放功能，并且能够允许将每一张模型图放置在单页中打印。

3）健壮性。软件模型的健壮性很重要，在设计期间，应保证工具不发生崩溃。

4）开发平台。要慎重地考虑 UML 工具将在哪种平台上运行。UML 工具应与应用系统保持平台的一致性。

5）提供 XML 支持。XML 已成为各种工具之间数据交换的标准格式。支持 XML 将为软件的未来提供更好的兼容性。

以上介绍了选择 UML 工具应该考虑的主要因素。在实际购买时，还应综合考虑价格、服务以及通用性等方面的因素。

2.5　小结

本章介绍了 UML 的定义、特点、概念模型，还介绍了软件的体系结构建模涉及的 5 种视图、UML 工具。通过本章的学习，希望读者能够对 UML 有一定的认识和了解，为后续各章的学习打下基础。

2.6　习题

一、简答题

1. 什么是 UML？

2. UML 在软件开发中有什么用处？

3. UML 的主要特性是什么？

4. UML 的主要模型有几种？每种模型图的用途是什么？

5. 常用的 UML 工具有哪些？

二、填空题

1. 公认的面向对象的建模语言出现于（　　　）年。从 1989 年到 1994 年，这种设计语言的种类从不到十种增加到了（　　　）多种。

2. 1995 年秋，经过 Booch、Rumbaugh 和（　　　　）三人的共同努力，于 1996 年 6 月和 10 月分别发布了两个新的版本，即 UML 0.9 和 UML 0.91，并将 UM 重新命名为 UML。

3. UML 的定义包括 UML 语义、UML 规则和（　　　）三个部分。

4. UML 工具是帮助软件开发人员方便使用 UML 的软件，它的主要功能包括：支持各种 UML 模型图的输入、（　　　）和存储；支持正向工程和（　　　　）；提供和其他开发工具的（　　　）。

第3章
类图、对象图和组合结构图

本章介绍类图、对象图和组合结构图的组成、作用与建模方法。

本章要点

类、接口和关系。

对象、链接和端口。

学习目标

掌握类图、对象图和组合结构图的阅读方法、绘制方法。

3.1 类图

类图展示了类（接口）之间的静态结构和关系，常用类图对系统的静态结构建模，或表示软件的设计模型。

3.1.1 类图的组成元素

类图中的主要元素有类、接口和关系。关系进一步分为依赖、聚合、组合、实现和泛化。图 3-1 是一个典型的类图。

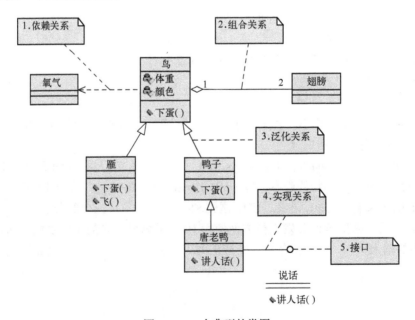

图 3-1 一个典型的类图

1. 顶点和关系

图 3-1 由 7 个顶点、6 个关系组成：

1）7 个顶点。6 个类（氧气、鸟、翅膀、雁、鸭子、唐老鸭）、一个接口（说话）。

2）6 个关系。一个依赖、一个组合、3 个泛化、一个实现。

2. 图的阅读

图 3-1 的阅读方法如下：

1）一个鸟有 2 个翅膀。

2）鸟依赖于氧气才能生存。

3）鸟有 2 个子类：雁和鸭子。

4）唐老鸭是鸭子的一个子类。

5）唐老鸭实现了"说话"接口。

3.1.2　类

下面通过例子说明类的组成和表示方法。

1. 类的表示

UML 中的类有名称、属性、操作和职责。用矩形表示一个类，把矩形框分成 3 栏，第 1 栏显示类名，第 2 栏显示类的属性，第 3 栏显示类的操作。一个类有三种表示格式。

（1）完整表示

将类名、属性和操作都展示出来，如图 3-2 所示。BankAccount 类包含两个属性（accountNumber、password）和一个操作（getBalance()）。

（2）省略操作的表示

只展示类名和属性，省略操作的表示法，如图 3-3 所示。

（3）省略属性和操作的表示

只展示类名，省略属性和操作的表示法，如图 3-4 所示。

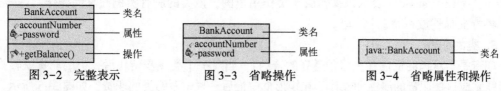

图 3-2　完整表示　　　　图 3-3　省略操作　　　　图 3-4　省略属性和操作

2. 类的名称

每个类都有一个名称，不能省略类名，可以省略其他部分。类名的书写格式有两种：简单名和全名。

（1）简单名

类名前没有加包名。如图 3-3 所示，类名是：BankAccount。

（2）全名

类名前带有包名。如图 3-4 所示，类名 BankAccount 前有包名"java"。包名和类名之间的分隔符号是"::"。UML 中的 Date 类表示为"java::awt::Date"，而在 Java 语言中表示为"java. awt. Date"。

3. 类的属性

每个类有 1 到多个属性（程序中的成员变量代表属性）。UML 对属性描述的完整语法格式如下：

> [可见性] **属性名** [:类型][多重性][=初始值][特征描述]

例如，对 People 类中属性 age 的完整描述如下：

> – age：int [1] =0 {readonly}

对上面语句的说明：属性名是 age，属性的可见性是–、数据类型是 int、多重性是 1（表示 1 个人只有 1 个年龄），属性初始值是 0，属性的特征值是 readonly（属性 age 的值只能读，不能改）。

对属性的描述有多个选项，除了属性名外，其他各项是可选的。设计师可以根据实际需要，有选择性地描述某些项。

4. 类的操作

每个类有 1 到多个操作，操作是类提供的服务。程序代码中的方法名代表操作。对操作的有关说明如下：

1）常把操作的可见性声明为+，否则其他类无权访问该类提供的服务。

2）操作名的参数可以省略不写。

3）如果属性和操作名之前没有可见性修饰符，表示可见性是 package（包）级别。如果属性或操作名有下画线，说明它是静态的。

对操作的描述包括可见性、操作名、参数表、返回值类型、特征。UML 对操作描述的完整语法如下：

> [可见性] **操作名** [参数表][:返回值类型] [特征]

例如，对 People 类中操作 geSalary（string name）的完整描述如下：

> +geSalary(string name) ；float {static}

对上面语句的说明：操作名是 geSalary，可见性是+，参数名是 name，操作返回值类型是 float，特征是 static（表示该操作属于类作用范围，该类的所有实例共享此操作）。一般来说，将特征描述放在"{ }"里。

5. 类的职责

职责是类承担的责任（类必须遵守的合约）。当对一个类逐步精化后，类的职责就转换成一组能完成这些职责的属性和操作。在矩形框中最后一栏中写明类的职责，如图 3-5 所示。

6. 类的约束

约束是指对类的属性值进行的限定或者要求。在 UML 中，约束是用花括号括起来的文本说明，如图 3-6 所示，表示 BankAccount 类的 password 的值不能为空。

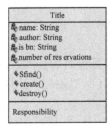

图 3-5　职责的表示

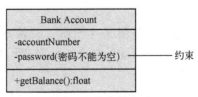

图 3-6　约束的表示

3.1.3　其他类

除了一般的类以外，类还包括抽象类、模板类、主动类和嵌套类，下面分别介绍。

1. 抽象类

如图 3-7 所示，Shape 是一个抽象类，draw( ) 是一个抽象方法。Shape 的子类都重写了父类中的 draw( ) 方法。因此，可以调用 Rectangle、Polygon 和 Circle 类中的 draw( ) 操作分别画矩形、多边形和圆。

表示抽象类和抽象方法的格式有两种。

（1）标准格式

抽象类和抽象方法的名字用斜体书写，如图 3-7 所示。

（2）草图格式

在抽象类和抽象方法名前加构造型<>，用<>修饰的类（方法）是抽象类（方法），如图 3-8 所示。

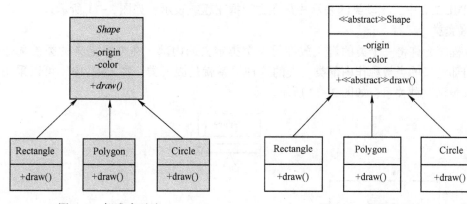

图 3-7　标准表示法　　　　　　　　　　　　图 3-8　草图表示法

2. 模板类

模板类（也称参数化类）定义了一族类，它包含一个参数表，其中的参数称作形参，当用实参代替形参后，就创建一个具体的类。

模板类在矩形框的右上角有一个虚线框，虚线框中列出了形参。其表示方法如图 3-9 所示。

例如，某个应用要求定义一些类，用于处理整型、字符串数组。一般的做法是为整型和字符型数组各创建一个类，这两个类除了数据类型不同之外其他都相同。

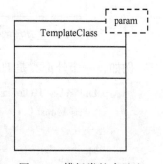

图 3-9　模板类的表示法

设计师可以定义一个模板类，如图 3-10a 所示，在模板类中有两个形参（type，size）。形参 size 的数据类型是 int，其默认值是 20。

如图 3-10b 所示，用实参值（type＝int，size＝50）代替模板类中的形参后，就创建了整型数组类 IntArray；用实参值（type＝String，size＝10）代替模板类中的形参后，就创建了字符串数组类 StringArray。

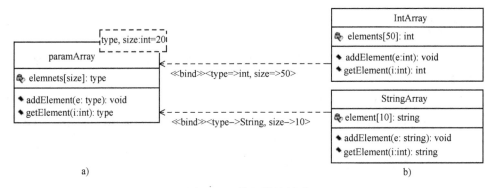

图 3-10　模板类的例子

3. 主动类

程序执行时能主动改变自身状态的对象就是主动对象，用于创建主动对象的类就是主动类。例如，定时器（Timer）就是一个主动类，因为，用该类创建的定时器能改变自身的状态。在 UML 2.0 中，主动类的表示法是在方形框用粗线表示，如图 3-11 所示。

4. 嵌套类

Java 程序允许将一个类的定义放在另一个类定义的内部。在外层定义的类被称作外部类，在内部定义的类被称作内部类，类的这种关系就是嵌套类。在 UML 中，可以采用一个锚图标来表示这种关系，如图 3-12 所示。

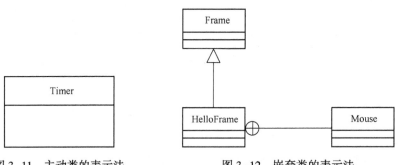

图 3-11　主动类的表示法　　　　　图 3-12　嵌套类的表示法

例如，一个外部类是 HelloFrame，内部类是 Mouse 的嵌套类定义格式如下：

```
public    class HelloFrame extend    Frame{
    class Mouse{
        ...
    }
}
```

因为类 HelloFrame 是 Frame 的子类。用模型表示上面 3 个类之间的关系，如图 3-12 所示，外部类（HelloFrame）绘制在锚图标的一端，内部类（Mouse）绘制在另一端。

5. 接口

UML 的接口有两种表示法：一是用图标表示，二是用构造型<<Interface>>表示。

（1）图标表示

供给接口用一个小圆表示，需求接口用一个半圆表示，如图 3-13 所示。

（2）构造型表示

在第一栏中展示构造型<<Interface>>和接口名，在第二栏中展示多个常量（可以省去该栏），在第三栏中展示多个抽象方法。用构造型表示 IUnknown 接口，如图 3-14 所示。

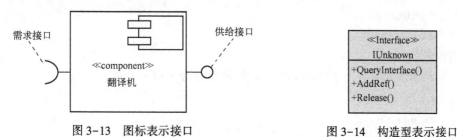

图 3-13　图标表示接口　　　　　　　　图 3-14　构造型表示接口

3.1.4　关系

关系是指事物之间的联系。在 UML 中，类之间的关系有依赖、泛化、实现和关联。关联是一种统称，依赖、泛化、实现都属于关联。

1. 依赖

当一个事物的变化影响另一个事物时，则这两个事物之间的关系表现为依赖。

比如说你要去拧螺丝（螺钉），你（Person）就必须借助螺丝刀（Screwdriver，螺钉旋具）来帮助你完成拧螺丝（screw()）的工作。则你（Person）与螺丝刀（Screwdriver）的关系就是依赖，你依赖螺丝刀，用模型表示依赖，如图 3-15 所示。

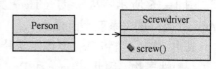

图 3-15　依赖的示例

图 3-15 的依赖用 Java 语言来实现时，代码如下：

```
public class Person {
    /** 拧螺丝 */
    public void screw(Screwdriver screwdriver) {
        screwdriver.screw();
    }
}
```

把提供服务的对象称为**提供者**，把使用服务的对象称为**客户**。因此，在图 3-15 中，Screwdriver 是提供者，Person 是客户。

依赖关系细分为 4 大类：使用依赖、抽象依赖、授权依赖和绑定依赖。

（1）使用依赖

表示客户使用提供者提供的服务来实现自己的行为，下面都属于使用依赖的具体形式：

- 使用（<<use>>）。
- 调用（<<call>>）。
- 参数（<<parameter>>）。
- 发送（<<send>>）。
- 实例化（<<instantiate>>）。

（2）抽象依赖

客户与提供者属于不同的抽象事物，抽象依赖细分为以下几种：

● 跟踪（<<trace>>）。

● 精化（<<refine>>）。

● 派生（<<derive>>）。

（3）授权依赖

表示一个事物访问另一个事物的能力，授权依赖细分为以下几种：

● 访问（<<access>>）。

● 导入（<<import>>）。

● 友元（<<friend>>）。

（4）绑定依赖

用绑定模板以创建新的模型元素时，其依赖形式为绑定（<<bind>>）。

2. 泛化

父类到子类的关系称为继承，从子类到父类的关系称为泛化（从特殊到一般）。泛化关系中的事物可以是类、接口和用例。

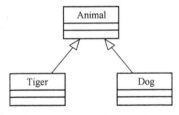

图3-16 泛化的示例

图 3-16 所示，从子类（Tiger 类和 Dog 类）到父类（Animal 类）的关系就是泛化。

其中，Tiger 类和 Dog 类表示了特殊事物；Animal 类表示了一般性事物，因此，Tiger 和 Dog 分别是 Animal 的特化；Animal 是 Tiger 和 Dog 的一般化。从特殊事物中抽取共同特点，构成一般性事物的过程就是泛化的过程；在一般性事物中加入新特点的过程就是特化的过程。由于子类继承了父类的结构和行为，因此，子类的实例都可以代替父类的实例。

用 Java 语言来实现图 3-16 的泛化关系时，代码如下：

```
class Animal{                  //定义 Animal,一般性事物
}
class Tiger extends Animal{     //定义 Tiger
}
class Dog extends Animal{       //定义 Dog
}
public class Test {
  public void test( ){
    Animal a = new Tiger( );
    Animal b = new Dog( );
  }
}
```

3. 实现

实现包含了依赖和泛化的语义。类与被类实现的接口、协作与用例都是实现关系。

比如，Professor（类）和 Person（接口）、Student（类）和 Person（接口），都是实现关系。在接口（Person）中定义一些抽象方法，然后在 Professor（类）和 Student（类）中，

分别实现 Person（接口）中的方法。这样，我们称 Professor 类和 Student 类分别实现了 Person（接口）。

在 UML 中，实现关系的表示方法是，从类端画一条带空心三角形的虚线指向接口。图 3-17 所示，表示了 Professor 和 Student 实现 Person（接口）。

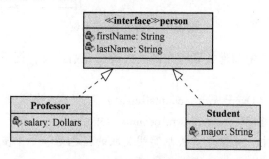

图 3-17 实现的示例

4. 关联

只要建模者认为两个事物之间存在联系，就认为它们之间存在关联。关联的语义比实现、依赖、泛化都弱。

UML 的关联用一条实线表示，两个类分别绘制在实线的两端。在系统分析阶段，不必关心两个类关联的细节，但是，在设计阶段，则必须确定关联的细节，确定两个类之间关联的属性。

关联的 5 种属性是：名称、角色、多重性、关联方向（双向和单向）、限定符。因此，要了解关联的细节，必须确定关联的 5 种属性，就像要了解一个人，就必须知道他的姓名、性别、年龄、身高一样。下面讨论关联的方向：双向关联和单向关联。

（1）双向关联

默认情况下，关联都被假定为双向，两个类彼此知道对方，图 3-18 显示了 Company（公司）和 Staff（职员）之间是双向关联。即公司知道职员，职员也知道公司，双向关联的一方都知道另一方。

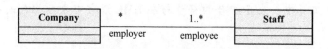

图 3-18 双向关联的示例

Company 在关联中承担的角色是 employer（雇主），Staff 在关联中承担的角色是 employee（雇员）。

站在公司角度看，一个公司可以有 1 至多个职员（表示为：1..＊）.站在职员角度看，一个职员可以在多个公司工作（表示为：＊）。

（2）单向关联

在单向关联中只有一方知道另一方的存在。图 3-19 是单向关联的一个示例。

OverdrawnAccountsReport 类（透支财务报告）知道 BankAccount 类（账户）存在，但是，BankAccount（账户）对 OverdrawnAccountsReport（透支财务报告）一无所知。

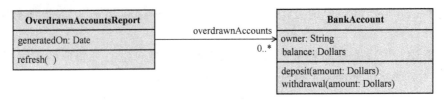

图 3-19 单向关联的示例

在绘制单向关联时，把知道关联存在的一方绘制在箭尾端，把不知道关联存在的一方绘制在箭头端。

一个透支财务报告（OverdrawnAccountsReport）对应 0 至多个账户（BankAccount）。每个账户（BankAccount）扮演"overdrawnAccounts"角色；

注意：在单向关联中，应该在箭头端写明关联的角色名和一个多重值。

（3）聚合

聚合描述"整体与部分"的关系，部分不依赖于整体而存在。

图 3-20 所示，车与车轮的关系就是整体与部分之间的关系。车是一个整体，而车轮是整个车的一部分。轮胎可以在安置到车时的前几个星期被制造，并放置于仓库中。在这个实例中，Wheel 类的实例独立于 Car 类的实例而存在。

（4）组合

组合也是描述"整体与部分"的关系，但是，部分依赖于整体而存在。

图 3-21 所示，公司与部门的关系也是总体与部分的关系。在公司存在之前，部门不会存在。这里 Department 类的实例依赖于 Company 类的实例而存在。

图 3-20 聚合关系的示例   图 3-21 组合关系的示例

图 3-21 中，显示了 Company 类和 Department 类之间的组合关系，注意组合关系与聚合关系一样地绘制，不过这次菱形是被填充的。

注意：在 Rose 工具中，表示组合的符号与在 UML 语言中表示组合的符号是不同的，如图 3-22 所示。

5. 关联的属性

面向对象的程序语言可以把类图中的依赖、泛化、实现以及特殊的关联（聚合和组合关系）映射为 Java 代码。但是，无法将一个没有确定语义的关联映射为 Java 代码。要想把 UML 模型中的关联转换为程序代码，必须确定关联的属性。关联的属性包括名称、角色、多重性、限定符和导航性。

（1）关联的名称

为了描述关联的性质，使用一个动词或动词短语给关联命名，关联名称应该描述关联的两个类之间的关系。绘制关联时在关联名和角色中选择一种即可。为了消除阅读关联的歧义，可以在关联的直线上方注明阅读方向（方向指示符）。

如图 3-23 所示，关联名称是"使用"，即用户"使用"计算机。阅读语义是：用户使用计算机。

图 3-22 表示组合的符号   图 3-23 关联的名称

（2）关联的角色

角色表明了关联的每一端在构成关联时所承担的职责。角色的名称应该是名词或名词短语。

在图 3-24 所示的关联中，学生扮演的是学习者的角色，学校扮演的是教学者的角色。教学者和学习者前面的"+"号是角色的可见性。

（3）关联的多重性

多重性就是某个类的单个对象与另一个类的多个对象建立关系。

如图 3-25 所示，一所学校可以有 1 个或多个学生。一个学生可以到多个学校去学习，或不去任何学校学习。

图 3-24 关联的角色   图 3-25 关联的多重性

对多重性阅读方法如下：

1）站在学校一方看：一个学校可以有 1 至多个学生（在关联的另一端表示为 1..n）。

2）站在学生一方看：一个学生可以去多个学校学习，也可以不去任何学校学习（在关联的另一方表示为 n）。

（4）关联的导航性

由于面向对象的语言无法将设计类图中的双向关联转换为 Java 语言代码，所以，设计师必须把分析阶段的双向关联转换为设计阶段的单向关联。

导航就是把双向关联设计为单向关联。用带箭头的实线表示导航，箭头从源类指向目标类，消息可以从源类对象发送到目标类对象，反之，则不可以。如图 3-26 所示。

图 3-26 关联的导航性

下面举一个例子，House（房子）与 Address（地址）是单向关联的即，House（房子）可以访问 Address（地址），但是，Address（地址）不能访问 House（房子）。用 Java 语言实现的代码如下：

```
public    class    House{
    private    Address addre; // House 引用 Address，角色名是 addre
    …
}
```

从上面的代码可以看出，House 类创建的对象引用了 Address 类创建的对象，这样，House 对象可以访问 Address 对象，反之，则不可以。

图 3-27 所示，用模型表示 House 类和 Address 类之间的单向关联，目标类的角色名是 addre。模型转换为 Java 程序后，模型中的角色名转换为程序中的成员变量。

所有的面向对象的编程语言只能实现单向关联，不能实现双向关联，因此，在设计阶段的制品是不能有双向关联的，必须将双向关联转化成单向关联。

（5）关联的限定符

如果源对象到目标对象是一对多关联，为了在多个目标对象的集合中查找到需要的目标对象，必须在目标对象集合中选择一个唯一标识目标对象的查找键（限定符，从目标对象的属性中选择），它应该是目标对象中的某个属性，当然，也可以是表达式。图 3-28 所示是一个标明了限定符号的关联。

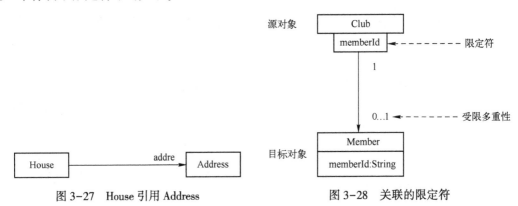

图 3-27　House 引用 Address　　　　图 3-28　关联的限定符

如图 3-28 所示，一个俱乐部（Club）可以有多个成员（Member），为了在成员集合（目标对象）中找到需要的对象，从目标集合中选择 memberId 作为查找关键字，即限定符。

3.1.5　关联类

当两个类之间建立一种关联，而这个关联本身又是一个类，这种类被称为关联类。例如，在图 3-29 中，公司（Company）与职员（Staff）之间建立一种关联（工作关系），当工作关系建立后，这个工作关系（Job）就有自己的属性：职员号（id）、雇佣日期（dateHired）、工资（salary）。只要公司与职员建立了工作关系，那么，这个工作关系就一定有自己的属性。因此，工作关系本身就是一个关联类。可见，工作关系，既是一个关联，也是一个类。为了描述的方便，定义一个类（Job）来描述这个关联。

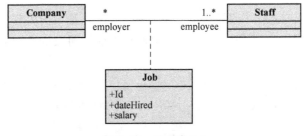

图 3-29　关联类 Job

3.2　对象图

对象图显示某个时刻或者某个时间段内对象之间的关系，对象图是类图在某个时刻（或时间段）的快照。对象图和类图一样，反映了系统中对象组成、结构及其协作关系。

3.2.1　对象图的组成元素

对象图中的主要元素有对象、链接（包括单向链接、双向链接）。图 3-30 是一个典型的对象图。

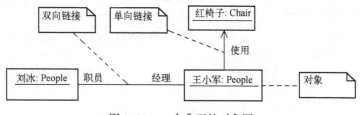

图 3-30　一个典型的对象图

1. 图的组成

图 3-30 由 3 个对象、2 个链接组成：

1）3 个对象：刘冰、王小军和红椅子。

2）2 个链接：一个双向链接，一个单向链接。

2. 图的阅读

图 3-30 的阅读方法如下：

1）王小军与刘冰建立双向链接：王小军的角色是经理，刘冰是职员。

2）王小军与红椅子建立单向链接：王小军使用红椅子。

3.2.2　对象

在 UML 中表示一个对象，主要是标识它的名称、属性和操作。与类的表示方法一样，对象由一个矩形表示，矩形可以分成 2 栏或 3 栏。

若只想标识对象的名称和属性，则用 2 栏的矩形表示对象。在第一栏列出对象名，在第二栏列出属性名及属性值，格式如"属性名=属性值"。

当用 2 栏的矩形表示对象时，有 3 种表示格式，这三种格式的不同点在于第一栏的格式不同。下面是对象的 3 种表示方法。

（1）对象名：类名

在矩形框的第一栏中同时列出对象名和类名。对象名在前，类名在后，对象名与类名之间用冒号分隔，并且对象名和类名都加下画线，如图 3-31 所示。

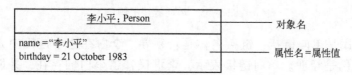

图 3-31　有名称对象表示法

（2）：类名

在矩形框的第一栏中只列出类名，不列出对象名。图 3-32 所示是匿名对象的表示格式。这种格式用于尚未给对象取名的情况，前面的冒号不能省略。

（3）对象名

在矩形框的第一栏中只列出对象名，不列出类名。如图 3-33 所示是对象的省略格式，即省略掉类名。如果只有对象名，对象名必须加下画线。

图 3-32　匿名对象表示法　　　　　　　图 3-33　没有标识类名的对象

3.2.3　链接

关联描述类间的关系，**链接**描述对象间的关系。就像对象是类的实例一样，链接是关联的实例。对象间的两种关系是单向链接和双向链接。

1. 双向链接

双向关联的实例就是双向链接，双向链接用一条直线表示。图 3-34 所示是双向链接的示例。

图 3-34　双向链接示例

李白与华为集团是双向链接，链接名称是：WorkFor，李白在这个链接中充当程序员的角色，华为集团充当雇主的角色。双向链接表示，链接的两端对象都知道另一方的存在，每一方都能访问对方的信息。

2. 单向链接

单向关联的实例就是单向链接，单向链接用一条带箭头的直线表示。图 3-35 所示是单向链接的示例。

图 3-35　单向链接示例

李白与李世民是单向链接，链接名称是：领导。李白在这个链接中充当程序员的角色，李世民的角色是经理。单向链接表示，李世民知道李白的存在，并能访问李白，反之却不然。

3.2.4　类图与对象图

对象图显示系统中某个时刻对象和对象之间的关系。一个对象图可以看成一个类图的实例化。一个类图描述了一组具有共同特征的对象图，对象图是类图的快照。

Flight 和 Plane 之间是双向关联，其类模型如图 3-36 所示。

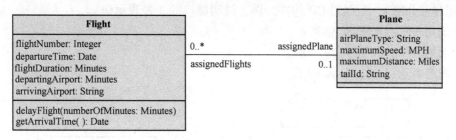

图 3-36　飞机航班类图

图 3-36 的模型语义如下：

1）一个航班可能指定了一架飞机，也可能还没有指定任何飞机。

2）一架飞机可能已拟定去为多个航班执行飞行任务，或者还没有计划到任何航班中去。

图 3-36 是一个描述飞机与航班的类图。在实际飞行业务中，某一时间段内，一架飞机执行航班的具体情况可能有多种。图 3-37 是一架飞机执行两个航班的示例。

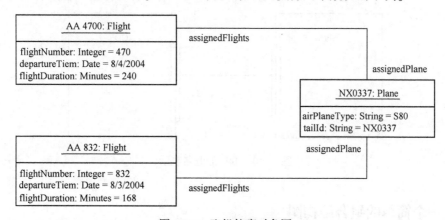

图 3-37　飞机航班对象图

图 3-37（对象图）是图 3-36（类图）在某个时间段内的一个实例，图 3-37（对象图）的模型语义如下：

飞机 NX0337 被拟定执行两个航班的飞行任务：一个航班是 AA4700；另一个航班是 AA832。

3.3　组合结构图

常用组合结构图展示类目（类、构件、协作）的内部结构，即展示类目的组成员及其关系。

3.3.1　端口

端口把供、需接口看作一个整体，即端口是对接口的封装。端口一定有供给接口，却不一定有需求接口。

端口用一个长方形表示（端口常绘制在构件的边界上）。端口有名称、类型（名称与类型之间用冒号分隔）。下面以 CD 构件为例，说明端口的 3 种表示法：

1）通用表示，如图 3-38 所示。

2）简洁表示，如图 3-39 所示。

3）匿名表示，如图 3-40 所示。

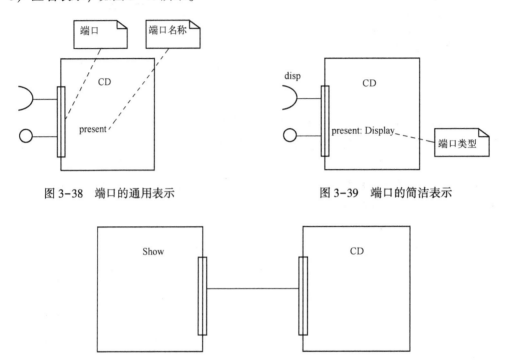

图 3-38　端口的通用表示　　　　　　图 3-39　端口的简洁表示

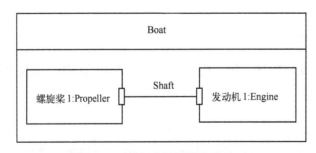

图 3-40　端口的匿名表示

3.3.2　一个简单的组合结构图

组合结构图包含两种部件：内部部件和链接件。

一条船（Boat）由螺旋桨 1 和发动机 1 组成，两者之间通过传动带（Shaft）连接，用组合结构图表示船 Boat，如图 3-41 所示，其中，螺旋桨 1、发动机 1 被称为内部部件，传动带（Shaft）被称为链接件。

图 3-41　用组合结构图表示 Boat

3.3.3 对构件建模

一个大的构件通常是由多个小的构件组成的。一个构件由内部部件和链接件组成。部件是构件的实现单元，部件也可能是一个构件的实例。部件有名字和类型。链接件可能是接口，也可能是构件实例。

图 3-42 是一个组合结构图，它显示了构件 Catalog Sales 的内部结构。

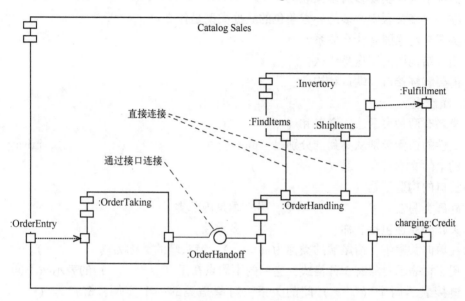

图 3-42 构件内部结构

构件 Catalog Sales 有三个外部端口。左边界有一个外部端口，端口类型是 OrderEntry，右边界有两个外部端口，分别是 Fulfilment 类型端口、charging 端口（端口类型是 Credit）。

该构件有三个内部部件，它们是 OrderTaking 类型部件、Invertory 类型部件和 OrderHandling 类型部件。

三个内部构件的链接方式是：OrderTaking 与 OrdenHandling 类型部件之间是通过接口连接，接口充当链接件。Invertory 与 OrderHandling 类型部件是通过端口连接，端口充当链接件。

3.4 小结

本章介绍了类图、对象图和组合结构图：

1）类图。介绍了类、抽象类、嵌套类、模板类、接口、关联的语义和表示法，对关联的属性做了详细的介绍。

2）对象图。介绍了对象、单向链接、双向链接的语义和表示法，通过实例介绍类图与对象图之间的联系与区别。

3）端口、组合结构图的概念、表示法。

3.5 习题

一、简答题

1. 类图中有哪些主要元素？

2. 类之间的关系有哪几种？

3. Java 语言能实现多对多关联吗？

4. 在一对多关联中，多的一方角色的数据类型是什么？

5. 类图与对象图有什么关系？

6. 组合结构图的用途是什么？

7. 简要解释接口、端口和构件。

二、填空题

1. 类名有两种表示法：全名和（　　　　　）。

2. 属性的访问级别从高到低分别是：public、（　　　　　）、（　　　　　）、private。

3. 约束的文本写在一对（　　　　　）。

4. 接口的构造型是（　　　　　）。

5. 外部类写在（　　　　　）一端，另一端是内部类。

6. 关联的属性包括名称、（　　　　　）、多重性。

7. 在单向关联中，箭尾端的类称为（　　　），箭头端的类称为（　　　　　）。

8. 用 2 栏表示对象有 3 种格式，它们的不同点在于（　　　　　）的表示法不同。

9. 链接表示两个（　　　）间的关系。对象是类的一个实例，链接是（　　　　　）的实例。

10. 对象间的关系有两种：（　　　　）和双向链接。

11. 端口必须有（　　　　　），可以没有需求接口。

12. 一个构件由内部部件和（　　　　　）组成，部件是构件的实现单元。部件有名字和（　　　　　）。

第4章
包图

包图是由包、包间关系构成的图。常用包图对系统体系结构建模、对成组元素建模。包是项目管理、版本控制的基本单元。

本章要点

包的语义、表示法。

包间关系。

创建包图的方法。

学习目标

掌握包图的阅读方法、绘制方法。

4.1 包图的组成元素

包图中的主要元素是包和关系，包图中的关系有依赖、泛化。图4-1是一个典型的包图。

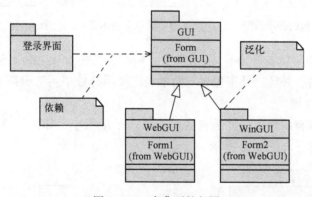

图4-1 一个典型的包图

1. 包图的组成

图4-1由4个包、3个关系组成。

1）4个包。登录界面包、GUI包、WebGUI包和WinGUI包。

2）3个关系。1个依赖，2个泛化。

2. 图的阅读

图4-1的阅读方法如下：

1）登录界面包依赖于GUI包。

2）WebGUI 包和 WinGUI 包的共同父包是 GUI 包，子包到父包是泛化关系。

4.2 包

包是分组的图形符号。UML 中的包相当于文件系统中的文件夹，UML 中的一个包直接对应于 Java 中的一个包。

4.2.1 包的表示

包的表示方法涉及两个因素：包的图形符号、包的名称。

1. 包的图形符号

在 UML 中一个包由两个矩形组成，上面是一个小矩形，下面是一个大矩形。图 4-2 是包的常见表示法，该包的名称是 UI。

2. 包的名称

每个包必须有一个区别于其他包的名字。表示包名字的格式有两种：简单名和全名。

（1）简单名

图 4-3 所示，只列出包本身的名字（awt），没有列出包所属的外围包名。

（2）全名

图 4-4 所示，在包名（awt）前加上外围包名（java），外围包名字与包名字之间用::分隔。

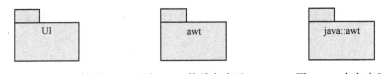

图 4-2 包的图形符号　　图 4-3 简单名表示　　图 4-4 全名表示

图 4-3 中，包的简单名是 awt。图 4-4 中，包的全名是 java::awt。包的全名是在包的简单名前加上外围包名，并且，外围包名与简单名之间用符号"::"分隔。

3. 包名的书写位置

包名的书写位置有两种：一种是包名写在第一个矩形中，如图 4-5 所示，第二种是包名写在第二个矩形中，如图 4-6 所示。

图 4-5 包名 Server 写在第一个矩形中　　图 4-6 包名 UI 写在第二个矩形中

4.2.2 包中元素

包中的元素可以是系统、子系统、子包、用例、构件、接口、协作、类和图。下面介绍包中元素的表示法和元素的可见性。

1. 包中元素是类和接口

当包中的元素是类和接口时，可以有两种表示类和接口的方法：一种是在第二个矩形框中列出包中的所有元素名；另一种是在第二个矩形框中绘制所有元素的图形及其关系，如图 4-7 所示。

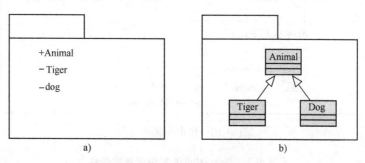

图 4-7 包中元素的两种表示法
a）列出元素名称 b）显示元素之间的关系

2. 包中元素是用例

包 ATM 中有两个用例：取款用例和超额取款用例，图 4-8 所示。

3. 包中元素是包

包中的元素是包（包嵌套）。外部包 System：Web 里面嵌入了一个包 UI，包 UI 中有一个类 Page，如图 4-9 所示。

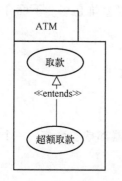

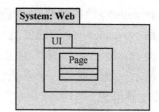

图 4-8 包中元素是用例　　　　图 4-9 嵌套包示例

注意：每个包就是一个独立的命名空间，包中任意两个元素的名称不能相同。

4. 包中元素是构件

包 Call：Serv 中包含三个构件，如图 4-10 所示。

5. 包中元素的可见性

包中元素的可见性决定包外部元素访问包内部元素的权限。包中元素的可见性有以下三种：

1）+：相当于 Java 中的 public，表示元素是共有；

2）#：相当于 Java 中的 protected，表示元素是保护；

3）-：相当于 Java 中的 private，表示元素是私有；

已知包 Y 中元素的可见性，则包 X 中的元素要访问包 Y 中的元素的条件如表 4-1 所示。

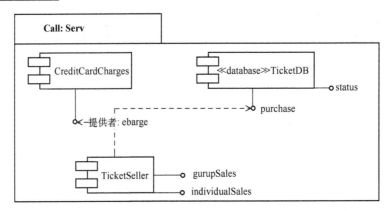

图 4-10　包中元素是构件

表 4-1　包 X 访问包 Y 中元素的条件

包 Y（包 Y 中元素的可见性）	包 X（包 X 中元素访问包 Y 中元素的条件）
+	若包 X 引用了包 Y，则包 X 中的任何元素可以访问包 Y 中可见性是+的元素
#	若包 X 继承了包 Y，则包 X 中的任何元素可以访问包 Y 中可见性是+或#的元素
–	若包 Y 的可见性是–，则包 X 中的元素不能访问包 Y 中的元素

4.2.3　包的构造型

　　UML 为包提供了 5 种标准构造型，常用包的构造型修饰包名。下面介绍这 5 种构造型的语义。

　　1. <<system>>和<<subsystem>>

　　构造型<<system>>和构造型<<subsystem>>的语义如下：

　　1）构造型<<system>>修饰的包是一个系统。

　　2）构造型<<subsystem>>修饰的包是一个子系统。

　　图 4-11 所示，收发器是一个系统，发送器和接收器都是子系统。一个收发器由一个发送器和一个接收器组成。

　　2. <<facade>>

　　被构造型<<facade>>修饰后的包是原来包的一个子包。

　　图 4-12 所示，字符集合被<<facade>>修饰后的包是字符集合的子集，即字符集合的子集（包）被中文语言包和英文语言包使用。

　　3. <<stub>>

　　被构造型<<stub>>修饰的包是一个代理包，代理包就是充当代理的角色。

　　图 4-13 是客户端与服务器端建立 Socket 链接的模型。每当客户端要求与服务器端建立通信时，服务器端就自动建立一个代理 Socket，构造型<<stub>>修饰 Socket，表示该包代理服务器端的 Socket。

　　图中，<<Server>>和<<Client>>是用户自定义的构造型。<<Server>>表示服务器端的包。<<Client>>表示客户端的包。

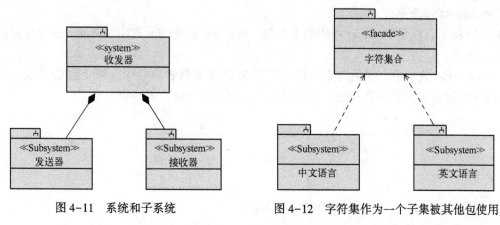

图 4-11　系统和子系统　　　　　　图 4-12　字符集作为一个子集被其他包使用

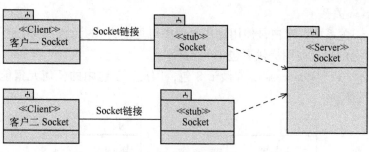

图 4-13　构造型<<stub>>

4. <<framework>>

被构造型<<framework>>修饰的包是由窗口构成的包。

4.3　包间关系

包间的关系有两种：依赖关系和泛化关系。

4.3.1　依赖

包间的依赖关系用一条带开放箭头的虚线表示，箭尾端的包称为**客户包**，箭头端的包称为**提供者包**。包间的依赖可以进一步细分为 4 种，下面分别介绍其语义。

1. <<use>>关系

<<use>>表示客户包中的元素使用提供者包中的公有元素（可见性是+的元素）。<<use>>没有指明两个包是否合并。如果没有指明包间的依赖类型，则包间的关系默认为<<use>>。

图 4-14 所示，C 包<<use>>依赖于 S 包，因此，C 包中的任何元素能访问 S 包中可见性是+的所有元素。

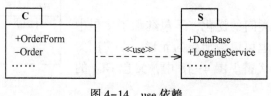

图 4-14　use 依赖

2. <<import>>关系

图 4-15 所示，C 包<<import>>依赖于 S 包，所以，C 包中的元素能够访问 S 包中可见性是+的所有元素。

在<<import>>关系中，**提供者包中的所有元素被添加到客户包中，两个包合并成一个包**，若提供者包中的元素与客户包中的元素名称相同，会导致命名冲突。

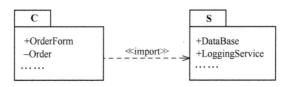

图 4-15　import 依赖

3. <<access>>关系

在<<access>>关系中，客户包使用提供者包中可见性为+的元素，**两个包不合并**。但是，客户包只能以全名的格式使用提供者包中的元素。

图 4-16 所示，C 包<<access>>依赖于 S 包，因此，C 包中的任何元素能访问 S 包中可见性是+的所有元素。

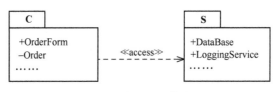

图 4-16　access 依赖

4. <<trace>>关系

<<trace>>关系表示客户包从提供者包进化而来，客户包与提供者包属于两个不同的抽象级别。<<trace>>表示模型间的关系，不表示元素间的关系。

图 4-17 所示，C 包<<trace>>依赖于 S 包，即设计模型依赖于分析模型，所有的设计模型产品都是从分析模型产品进化而来的，两个包属于不同的层次。

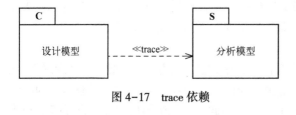

图 4-17　trace 依赖

4.3.2　泛化

包间的泛化类似于类间的泛化，子包继承了父包中可见性为+和#的元素，也可以增加新的元素。在使用父包的地方，可以用子包代替。图 4-18 中，父包 GUI 的两个子包是 G1 和 G2。

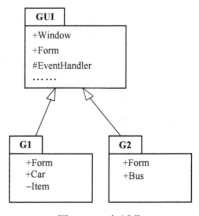

图 4-18　包泛化

子包 G1 和 G2 都从父包 GUI 中继承了类 Window 和 EventHandler。子包 G1 和 G2 中的 Form 类都重写了父包中的类 Form。子包 G1 中添加了新类 Car 和 Item，子包 G2 添加了新类 Bus。

4.3.3　包的传递性

包间的传递性是指：如果包 X 与包 Y 存在关系，并且包 Y 与包 Z 存在关系，则包 X 与包 Z 也存在关系。<<import>>依赖是可传递的，<<access>>依赖是不可传递的。

1. <<import>>依赖可传递

当客户包与提供者包之间是<<import>>依赖时，提供者包中的公有元素就成为客户包中的公有元素，这些公有元素在包外同样是可以访问的。如图 4-19 所示，包 Z 中的公有元素成为包 Y 中的公有元素，同时，包 Y 中的公有元素成为 X 包中的公有元素，因此，包 Z 中的公有元素能被包 X 访问。因此，包 X，Y，Z 间的<<import>>关系存在传递性。

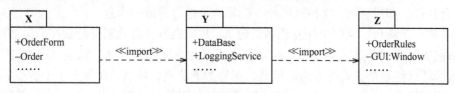

图 4-19　<<import>>关系可传递

2. <<access>>依赖不可传递

当客户包与提供者包之间是<<access>>依赖时，提供者包中的公有元素就成为客户包中的私有元素，这些私有元素在包外不可访问。如图 4-20 所示，包 Z 中的公有元素成为包 Y 中的私有元素，而包 X 只能访问包 Y 中的公有元素，因此，包 X 不能访问包 Z 中的公有元素。即包 X、Y、Z 间的<<access >>关系不存在传递性。

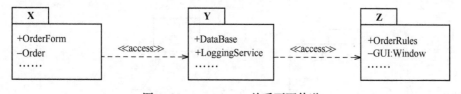

图 4-20　<<access>>关系不可传递

4.4　创建包图

创建包图包括 3 个步骤：寻找候选包；调整候选包；确定包中元素的可见性。

4.4.1　寻找候选包

在分析阶段，以类模型（或用例模型）为依据，把关系紧密的类（或用例）分到同一个包中，把关系松散的类（或用例）分到不同的包中，并确定包间关系。识别候选包的原则如下：

1）把类图中关系紧密的类放到一个包中。

2）把同一层次中的类放在同一个包中，不同层次中的类放在不同的包中。这里说的层是指软件体系结构中的层。一般把软件分为三层：表示层、逻辑层、控制层。

4.4.2 调整候选包

调整候选包指调整包的大小和个数、消除包间的循环依赖。

1. 包的分解、合并、增加和删除

调整包的大小和个数的主要方法如下：

1）将大包分解为小包。

2）将小包合并为大包。

3）增加包，由于某种原因需要增加一些包。

4）删除不必要的包或删除无用的包。

2. 消除包间的循环依赖

消除包间循环依赖的方法有两种：

1）合并包。如果包 A、B 相互依赖，就将两个包合并成一个包。

2）增加一个新包。从两个相互依赖的包 A、B 中提取公有元素并封装在新增加的包中。

如果包 A 以某种方式依赖包 B，并且包 B 以某种方式依赖包 A，就应该合并这两个包，这是消除循环依赖非常有效的方法。但是，更好的方法是，从 A，B 两个包中提取相互依赖的元素，把它们封装为第三个包 C。消除循环包的过程是一个多次迭代的过程。消除包循环依赖的示例显示在图 4-21 中。

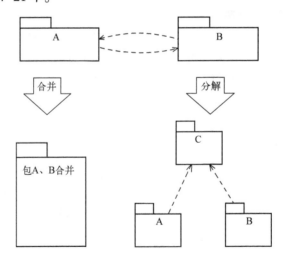

图 4-21 消除循环依赖的两种方法

在分析阶段，类间的关系常常被标识为双向关联，所以，起初的包图常常有访问冲突。假定有一个非常简单的模型：包 A 中的一个类与包 B 中的另一个类存在双向关联，那么包 A 依赖于包 B，同样包 B 也依赖于包 A，这样，两个包存在循环依赖，消除这种冲突的唯一方法是，把类间的双向关联改为单向关联，或者把两个类放入相同的包中。

3. 调整包的原则

1）实现包的高内聚、低耦合。每个包应该包含一组紧密相关的类。

2）避免包的深度嵌套。包的嵌套结构越深，模型变得越难理解。

4.4.3　确定包中元素的可见性

为了减少包间依赖，确定包中元素可见性的原则是：

1）减少包中 public、protected 元素的个数。

2）增加包中 private 元素的个数。

4.5　常用建模技术

包图主要有两种用途：一是对成组元素建模，把紧密相关的类封装到同一个包中，便于管理和维护；二是对体系结构建模，用包图来展示软件的宏观结构。

4.5.1　对成组元素建模

对成组元素建模就是对元素分组，把关系密切的元素放在同一个包中。在对成组元素建模时应遵循以下策略：

1）同一个包中的元素在概念上、语义上联系紧密。

2）每个包中的公有元素应尽可能地少。

3）包间的依赖关系使用<<use>>标识。

4）找出包间的泛化关系。

本节以旅行服务的规划系统为例，演示包图的创建过程。规划系统（MyTrip）包括两个用例：规划旅程用例和执行行程用例。

每个司机在家里通过网络登录到服务器上的规划系统（MyTrip），然后使用规划旅程用例（PlanTrip，见表 4-2）规划自己的旅行，并保存规划结果，以便用于旅游时检索。

表 4-2　规划旅程用例

用例名称	PlanTrip
事件流	1. 司机登录到规划旅程系统。 2. 司机输入对旅程的约束，即一个含有多个目的地的序列。 3. 系统基于地图数据库规划服务，算出按照规定顺序访问目的地的最短路径。计算结果是一个带有一系列路口和方向的行程段的序列。 4. 司机能够通过添加或者删除目的地来重新设计旅程。 5. 司机以名称形式在规划服务的数据库中存储规划好的旅程，以便日后检索。

司机驱动轿车开始执行行程用例（ExecuteTrip，见表 4-3）。此时车载计算机将给出具体方向，这是基于规划服务系统中计算出的旅程信息和车载的全球定位系统的当前位置提示。

表 4-3　执行行程用例

用例名称	ExecuteTrip
事件流	1. 司机起动汽车，登录到车载的路线助手系统。 2. 成功登录后，司机规定规划服务系统和将要执行的行程的名称。 3. 车载的路线助手系统从规划系统获得目的地、方向、行程段和路口的信息列表。 4. 给定当前位置，路线助手系统为司机提供下一个方向集合。 5. 司机到达目的地，关闭路线助手系统。

通过领域分析，得到 MyTrip 系统的对象模型如图 4-22 所示。

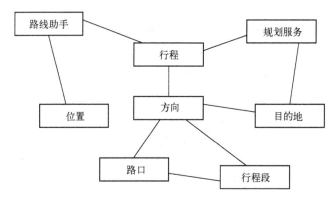

图 4-22　MyTrip 系统的对象模型

把对象模型中紧密相关的类封装在同一个包中。如此，类分为两组：与规划服务相关的类，与执行行程相关的类，如图 4-23 所示。

1）与规划服务相关的类：行程、方向、路口、行程段、目的地、规划服务。

2）与执行行程相关的类：线路助手、位置。

从图 4-23 中可以看出，两个子系统之间只有一个关联，即线路助手与行程相连。

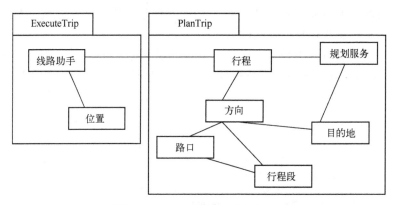

图 4-23　MyTrip 系统包括两个包

4.5.2　对体系结构建模

体系结构描述了一个软件系统的核心组成和宏观结构。常用的体系结构模式有：分层、MVC、管道、黑板、微内核等。而在应用软件中，分层和 MVC 是最常见的两种体系结构。

在分层的体系结构中，常常把一个软件系统划分为表示层（Present）、逻辑层和数据层。如果采用分层体系结构，每一层用一个包表示。

图 4-24 所示是一个典型的三层结构的软件系统，每一层由多个对象组成。

（1）接口层

接口层包括所有的与用户打交道的边界对象，像窗体、表单、网页等都被包含在该层。如在客户端运行的窗口程序和对象都属于该层。

（2）应用逻辑层

应用逻辑层包括所有的逻辑计算和处理。实现处理、规则检查和计算的对象都封装在该层。如 Web 服务器上运行的应用程序、对象就属于该层。

（3）存储层

存储层实现对持久对象的存储、检索和查询。如在数据库服务器上运行的查询、检索程序和对象就属于该层。

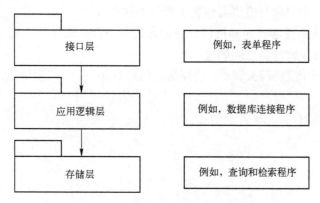

图 4-24 用包表示的三层体系结构

4.6 小结

本章首先通过一个简单的实例介绍了包图的组成元素；其次，介绍包、包间的语义和表示法；第三，详细介绍了包间的依赖关系、泛化关系；最后说明如何寻找包、调整包和确定包中元素的可见性，从而绘制出包图。

4.7 习题

一、简答题

1. 包间有哪两种关系？
2. 引入包机制后，对编程有什么好处？
3. 包中可以有哪些元素？
4. 包名称有哪两种表示格式？
5. 包中元素的可见性有几种？
6. UML 为包提供了哪几种构造型？包的构造型有什么作用？
7. 绘制包图一般需要哪几个步骤？

二、填空题

1. 包的两种用途：一是对（   ）建模，把紧密相关的类封装到同一个包中，目的是方便管理和维护；二是对（   ）建模。

2. 在分析阶段，以对象模型（或用例模型）为依据，把关系（   ）的类（或用例）分到同一个包中，把关系（   ）的类（或用例）分到不同的包中。

3. 调整候选包主要工作：大包分解、（   ）合并、消除包间的循环依赖。

4. 若两个包之间是<<import>>依赖，则提供者包中的（　　　　）就成为客户包中的公有元素，公有元素在包外是（　　　　）。

5. 若两个包之间是<<access>>依赖，提供者包中的公有元素就成为客户包中的（　　）元素，这些私有元素在包外是不可以访问的。

6. 包间的泛化关系类似于类间的泛化关系，子包继承了父包中的（　　）和保护元素。

7. <<trace>>表示客户包从提供者包进化而来。<<trace>>表示（　　　）间的关系，不表示元素间的关系，客户包与提供者包属于两个不同的（　　　）。

8. <<import>>关系使客户包和提供者包的命名空间合并成（　　　），如果两个包中的元素具有相同名称将会导致命名空间的（　　　）。

9. 依赖关系用一个虚线箭头表示，箭尾端的包称为（　　　），箭头端的包称为（　　　）。

第 5 章 顺序图和协作图

7 种行为图中的 4 种交互图分别是顺序图、协作图、定时图和交互概观图。常用顺序图（也称时序图）、协作图对系统的行为建模。

本章要点

顺序图的组成。

顺序图中的操作符。

协作图的组成。

协作图中的操作符。

学习目标

掌握顺序图的阅读方法和绘制方法。

掌握协作图的阅读方法和绘制方法。

5.1 顺序图

顺序图展示了对象交互的消息在时间轴上的先后顺序。顺序图是由对象、生命线、控制焦点和消息组成的二维平面结构：

1）横轴。在图的顶部，对象从左往右排列（首先排列参与者，其次是边界对象，最后是实体对象）构成横轴。

2）纵轴。每个对象的底部有一条向下延伸的虚线，这条虚线就是纵轴，纵轴也称为生命线，生命线从上往下延伸的方向就是时间轴的正方向。

5.1.1 顺序图的组成元素

顺序图由对象、生命线、控制焦点和消息组成。图 5-1 所示是描述"锁车"场景的顺序图。

图 5-1 中有 3 个对象、5 条消息：

1）3 个对象分别是车主、遥控器、汽车。车主属于参与者，遥控器属于边界对象，汽车属于实体对象。这 3 个对象在平面图的顶部从左向右依次排列。

2）5 条消息。其中，2 条同步消息（带实线的箭头），1 条自我消息（消息指向自身），2 条返回消息（带虚线的箭头）。

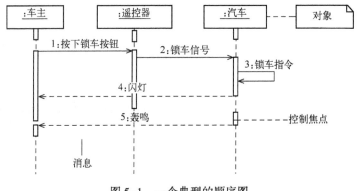

图 5-1   一个典型的顺序图

1. 对象

顺序图中对象的符号与对象图中对象的符号一样。将对象置于顺序图的顶部意味着在交互开始时对象就已经存在了，如果对象的位置不在顶部，表示对象是在交互过程中被创建。

2. 生命线

生命线是一条从对象底部向下延伸的虚线，这条虚线表示对象在顺序图中存在的时间段。生命线的长短表示对象的生存时间段。每个对象底部中心的位置都带有生命线。

3. 控制焦点

生命线上有一个或者多个矩形，矩形代表对象的控制焦点。矩形上端表示对象开始执行，矩形下端表示执行结束。在控制焦点处，对象获得了 CUP 控制权，同时执行某个任务并处于激活状态。在非控制焦点处，对象释放了 CPU 并处于非激活状态。

4. 消息

消息的图形符号是带实线或虚线的箭头。

5.1.2   消息

消息的图形符号表示对象之间的通信。消息的文字格式是：消息名（参数表）。

1. 消息的 UML 符号

在 UML 中有 7 种消息。

（1）同步消息

发送消息的对象一直等到接收消息的对象执行完所有的操作后，才能继续执行自己的操作。**同步消息用带实心箭头的实线表示**，箭头从发送消息的对象指向接收消息的对象，如图 5-2 就是一个同步消息。

其中，message 是消息名，param 是参数。

（2）异步消息

对象将消息发送出去以后不用等待接收对象，而是继续执行自己的操作。**异步消息用带开放箭头的实线表示**，箭头从发送消息的对象指向接收消息的对象，如图 5-3 就是一个异步消息。

（3）返回消息

接收消息的对象给发送消息的对象返回一条信息，并且，将控制权归还给发送消息的对象。**返回消息用带开放箭头的虚线表示**，如图 5-4 所示就是一个返回消息。

图 5-2 同步消息的表示   图 5-3 异步消息的表示   图 5-4 返回消息的表示

（4）创建对象的消息

发送消息的对象通知接收消息者创建一个对象。**创建对象的消息用带开放箭头的实线表示**，并用构造型<<create>>修饰消息名，如图 5-5 所示。

（5）销毁对象的消息

发送消息的对象通知接收消息的对象自我销毁。销毁对象的消息用带开放箭头的实线表示，箭头处有一个符号×，并加上构造型<<destroy>>，如图 5-6 所示。

图 5-5 创建对象的消息表示   图 5-6 销毁对象的消息表示

其中，构造型<<destroy>>表示销毁一个对象。

（6）发现消息

发现消息来自系统外部，并且不知道是谁发送的消息。发现消息的符号是：在实心圆处向外射出一条带开放箭头的实线，如图 5-7 所示。

（7）丢失消息

消息永远不能到达目的地。丢失消息的符号是：一条带开放箭头的实线射向实心圆，如图 5-8 所示。

图 5-7 来自不明对象的消息   图 5-8 丢失消息的表示

2. 消息编号

按消息产生的先后顺序给消息编号。有两种消息编号方案：一种是顺序编号，另一种是嵌套编号。

（1）顺序编号

顺序编号是用一个完整的数字序列对系统中所有的消息进行编号。在每个消息名的前面加上一个用冒号隔开的序列号，序列号代表消息执行的先后顺序，序列号从 1 开始。

图 5-9 所示是一个顺序图，该图演示了"饮料已售完"的场景。

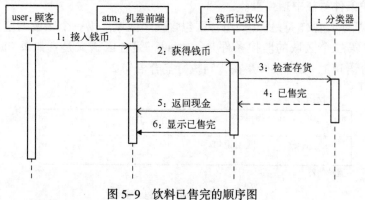

图 5-9 饮料已售完的顺序图

在图 5-9 中，最顶部的一排矩形框代表 4 个对象。前 2 个对象是有名称的对象，对象名称分别是 user（客户）和 atm（饮料机前端），后面 2 个对象是匿名对象。图中有 6 条消息，按照消息发生的先后时间顺序，分别给消息进行了编号。

（2）嵌套编号

嵌套编号是依据 UML 嵌套编号方案，将图 5-9 的顺序编号改为嵌套编号后，如图 5-10 所示。

在图 5-10 中，把属于同一个对象发送和接收的消息放在同一层进行编号，如对象 user 的发送消息放在第一层编号，编号用 1 位数字表示，编号是 1；把对象 atm 的发送和接收的消息放在第二层编号，编号用 2 位数字表示，给它们分配的编号是 1.1、1.2、1.3；匿名对象"钱币记录仪"的发送和接收消息放在第三层编号，编号用 3 位数字数字表示，给它们分配的编号是 1.1.1、1.1.2。

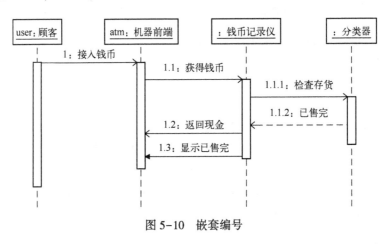

图 5-10　嵌套编号

5.1.3　循环、分支和并发

UML 使用组合区和操作符表示分支、并发和循环。

一个**组合区**由一至多个区域组成，在组合区的左上角有一个操作符，**操作符**表示对象的执行方式（分支、并发和循环）。

一个**区域**用一个长方形表示，区域之间用虚线隔开，每个区域拥有一个监护条件和一个复合语句。**监护条件**写在中括弧里。

如图 5-11 所示，操作符是 alt 的组合区包含两个区域。第一个区域的监护条件是［if file Not Exist］，第二个区域的监护条件是［else］，组合区语义是：如果 file（文件）不存在，则执行复合语句 1；如果 file 存在，则执行复合语句 2。

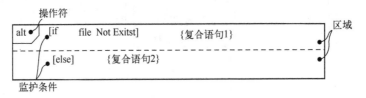

图 5-11　alt 使用实例

下面分别讲述每种操作符的语义和应用。

1. 分支操作符

表示分支的操作符有两个：alt 表示多选一，opt 表示单选一或不选。

（1）alt 表示多选一

图 5-12 所示，操作符为 alt 的组合区包含两个区域。第一个区域的监护条件是：[x<10]，执行语句是 calculate(x)；第二个区域的监护条件是 [else]，执行语句是 calculate(x)。

该组合区表示的逻辑是：如果 x<10，就要求 B 类对象执行 calculate(x) 操作；否则就要求 C 类对象执行 calculate(x) 操作。

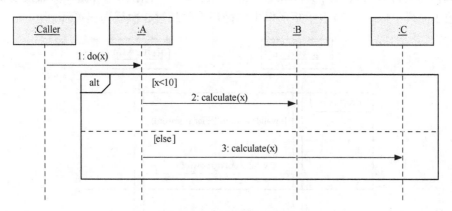

图 5-12　alt 操作符的使用

图 5-12 中，对象的交互行为解释如下：

Caller 类对象给 A 类对象发送消息 do(x)，要求 A 类对象执行 do(x) 操作；A 类对象接收到消息 do(x) 后，进入组合区，执行组合区操作：在组合区中，如果 x<10，就请求 B 类对象执行 calculate(x) 操作；否则请求 C 类对象执行 calculate(x) 操作。

图 5-12 中组合区表示的逻辑如下：

> if　(x<10)　　B 类对象执行 calculate(x)
> else　　　　　C 类对象执行 calculate(x)

（2）opt 表示单选一

图 5-13 所示，操作符是 opt 的组合区只有一个区域。该组合区表示的逻辑是：如果 x<10，就要求 B 类对象执行 calculate(x) 操作。

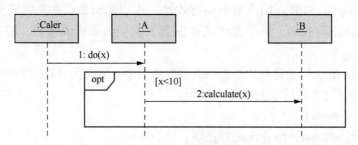

图 5-13　opt 操作符的使用

图 5-13 中的组合区表示的逻辑如下：

> if （x<10） B 类对象执行 calculate(x)

2. 循环操作符

loop 操作符表示循环，loop 操作符有 2 种语句格式：

- Loop(1,n)：相当于程序设计语言的 for 语句：for（i=1；i<n；i++)。
- Loop(n)：循环执行 n 次。

图 5-14 所示，当执行流进入组合区后，对监护条件［invalid password］进行测试，若密码无效，则执行语句 enter(password)，然后，进入下一个循环，若循环次数大于 3 次，执行流程退出循环。loop(1,3)表示矩形框中的循环次数超过 3 次后退出循环。

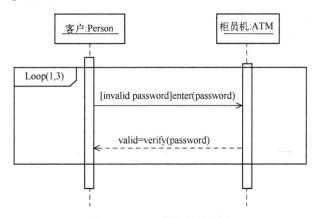

图 5-14 loop 操作符的使用

图 5-14 中的 loop(1,3)的逻辑相当于以下语句：

```
for （i=1;i<=3;i++) {
        if （invalid password) enter(password);
        ATM 对密码进行验证,并将验证结果返回给客户;
}
```

3. 并发控制操作符 par

操作符 par 的组合区包含多个区域，多个区域中的操作并发执行。图 5-15 表示客户的取款操作包括 2 个组合区：

1）组合区 loop(1,3)验证用户密码的有效性，执行逻辑是：如果密码无效，提示用户输入密码并返回验证码 valid，这个操作最多重复 3 次；如果密码有效，控制流进入 opt 组合区。

2）组合区 opt 的执行逻辑是：当密码有效时执行 par 组合区（par 组合区包含的 2 个区域中的操作并发执行），然后，ATM 输出货币。

4. consider 与 Assert

consider 组合区与 assert 组合区配对使用：

1）consider 组合区。consider 操作符后面紧跟一个消息列表，消息列表中的消息在 consider 组合区内有效。

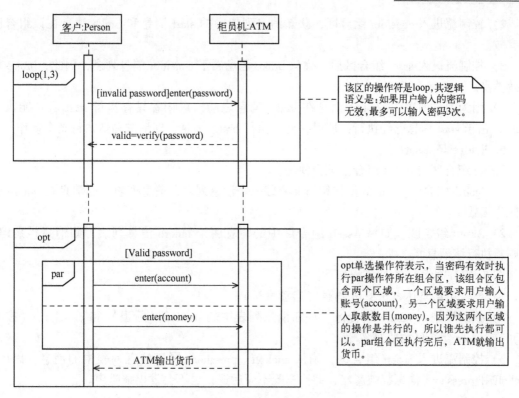

图 5-15　par 操作符的使用

2）assert 组合区。如果 assert 组合区中的消息属于 consider 消息列表，就执行该消息，否则，拒绝执行。

图 5-16 所示，consider 组合区中嵌入了 assert 组合区。consider 操作符的消息列表是（start，brake），即 start 和 brake 消息在 consider 组合区有效。消息列表中的 brake（刹车）在 start 之后，其含义是：只有 start 消息执行完后才能执行 brake 消息。可见，消息列表中消息的顺序规定了消息执行的先后顺序。

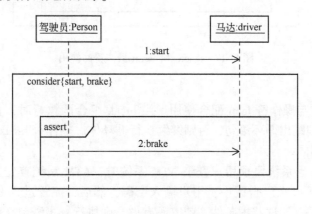

图 5-16　consider 和 assert 操作符的使用

图 5-16 中消息的执行流程如下：

1）驾驶员给马达（发动机）发送 start 消息（启动汽车）。

71

2）控制流进入 consider 组合区，获知消息列表中的 start 消息和 brake 消息在该组合区内有效。

3）控制流进入 asser 组合区后，确认 brake 消息属于 consider 消息列表，因此，brake 是有效消息。

4）因为消息列表中的 start 消息在 brake 消息之前，意味着只有执行 start 后才能执行 brake。由于 start 消息已经执行，所以，允许执行 brake 消息，即请求马达执行刹车动作。

5. ignore 与 assert

ignore 组合区与 assert 组合区配合使用：

1）ignore 组合区。ignore 操作符后面紧跟一个消息列表，消息列表中的消息在 ignore 组合区中无效。

2）Assert 组合区。如果 Assert 组合区中的消息属于 ignore 消息列表，则消息被忽略，否则，执行该消息。

图 5-17 中消息的执行流程如下：

1）驾驶员给马达发送 start 消息（启动汽车）。

2）控制流进入 ignore 组合区。获知消息列表中的 backoff（后退）和 presshorn（按喇叭）在 ignore 组合区内将被忽略。

3）控制流进入 assert 组合区，确认 backoff、presshorn 属于消息列表中的消息，因此，backoff 和 presshorn 消息都被忽略，即汽车既不会后退，也不会发出喇叭声。

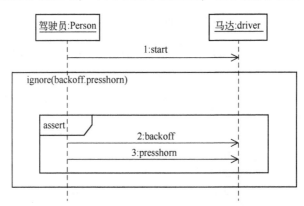

图 5-17 ignore 和 assert 操作符的使用

6. break

操作符 break 常与操作符 loop 配合使用。当 break 组合区执行时，首先测试监护条件，若监护条件为真，则跳出循环语句，否则继续执行循环体。操作符 break 与程序设计语言中的 break 语句作用相同。

在图 5-18 中，当系统要求用户登录 ATM 系统时，ATM 系统首先要求用户输入密码，这时进入 loop 组合区，在组合区中，用户输入密码，然后，流程进入 break 组合区，break 组合区的执行逻辑是：测试监护条件，若密码有效，则执行 exit 语句（跳出循环），如果密码无效，则继续执行循环，但是，循环不会超过三次。

7. critical

critical 组合区也称为"临界区域"。在临界区域中，所有的操作要么全部成功执行，要么都不执行。例如，把一个账户的钱（money）转到另一个账户时，就是一种事务性操作，即从一个账户中扣钱的操作与向另一个账户中加钱的操作要么都成功执行，要么都不执行，因此，必须把这两个操作置入临界区。

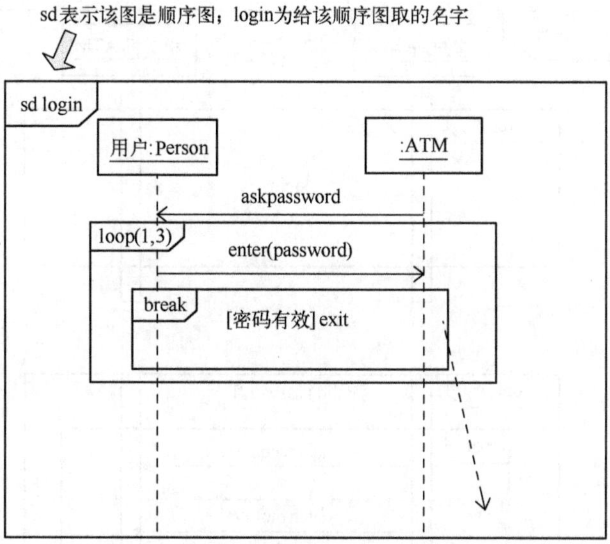

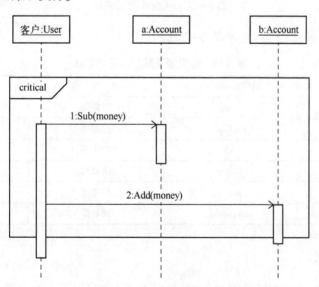

sd表示该图是顺序图；login为给该顺序图取的名字

图 5-18　break 操作符的使用

图 5-19 表示的含义是，客户从账号 a 中扣除钱的操作和往账户 b 中增加钱的操作要么全部成功执行，要么都不执行。

图 5-19　critical 操作符的使用

critical 组合区执行流程如下：

1）客户请求账号 a 执行 sub（money）操作，即扣除 money 元钱。

2）客户请求账号 b 执行 add（money）操作，即增加 money 元钱。

临界区中的操作要么全部成功执行，要么都不执行。

8. ref

操作符 ref 引用其他的图，被引用的图的名字写在矩形框中央。图 5-20 是一个取款顺序图，在取款前，客户首先要登录 ATM，可以用操作符 ref 引用图 5-18（图名是 login）。

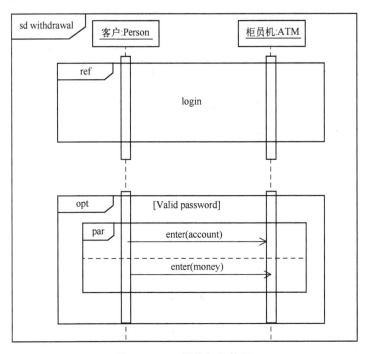

图 5-20   ref 操作符的使用

在 UML 中，各种图的表示法如表 5-1 所示。

表 5-1   图类型及其对应的表示法

图　类　型	对应的表示法	图　类　型	对应的表示法
类图	class	对象图	object
包图	package	用例图	use case
顺序图	sd	协作图	comm
定时图	timing	活动图	activity
交互概观图	intover	状态图	statemachine
构件图	component	部署图	deployment

5.1.4   场景建模

顺序图描述了场景中有哪些对象、对象之间如何交互。下面对"买饮料"的三种场景建模。每个场景用一个顺序图表示。

1. 购买饮料的正常场景

下面是购买饮料的一般事件流：

1）顾客在饮料机器的前端投入钱币，然后选择想要的饮料。

2）钱币到达钱币记录仪，钱币记录仪获得钱币后，检查存货。

3）钱币记录仪通知分发器将饮料传送到机器前端。

下面对购买饮料的场景建模，如图 5-21 所示。

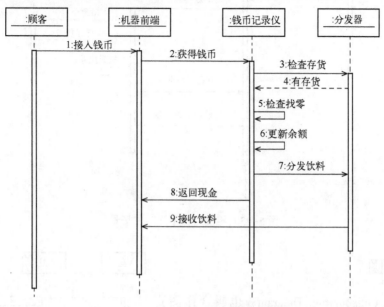

图 5-21　购买饮料的场景

2. 饮料"已售完"的场景

下面对饮料已售完的场景建模，如图 5-22 所示。

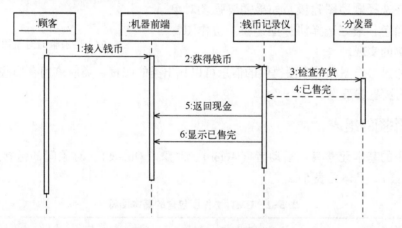

图 5-22　饮料已售完的场景

3. 机器没有合适的零钱

顾客购买饮料时，有时机器中可能没有合适的零钱，即"找不开"的场景，其对应的顺序图如图 5-23 所示。

4. 带有临时对象的顺序图

图 5-24 的顺序图表示：对象 A 向对象 B 发送消息 1，对象 B 向系统发送消息 2，系统创建临时对象 C，对象 C 执行一段时间后被销毁（对象 C 的生命线尾部的叉号表示销毁对象 C）。

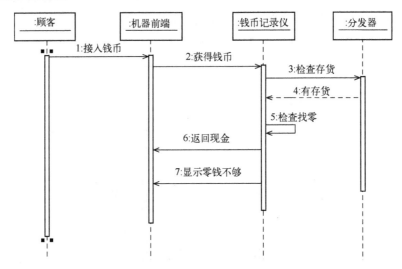

图 5-23 零钱 "找不开" 的场景

5.2 协作图

协作图（Collaboration Diagram，也叫合作图）强调交互对象在系统中的角色。一个协作图显示了一系列对象之间的交互以及对象在交互时的角色。

系统建模时，如果需要强调交互在时间上的先后顺序，最好选择顺序图建模；如果需要强调对象在交互中的角色，最好选择协作图建模。协作图常用来表示用例的实现。

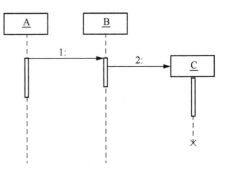

图 5-24 带有临时对象的顺序图

设计师通过协作图和顺序图提供的信息可以找出类的职责、类应该拥有哪些操作，以及消息应该拥有哪些参变量。

5.2.1 协作图的组成

协作图中的基本元素有：活动者（Actor）、对象（Object）、对象间的链接（Link）和消息（Message）。具体见表 5-2。

表 5-2　UML 协作图包含的基本图符

可视化图符	名　　称	描　　述
对象	对象	协作图中参与交互的对象
对象	多个对象	协作图中参与交互的多个对象
——————	链接	对象之间的关系
——————>	消息	对象之间发送的消息

（续）

可视化图符	名　称	描　述
	注释	对事物的说明、解释
--------	注释连接	将注释与要描述的对象连接起来

1. 对象

协作图无法展示对象的创建和撤销，但是，也没有限制对象摆放的位置。

2. 链接

协作图与对象图中的链接的语义和符号都一样，链接表示对象之间的通信。

3. 消息

协作图中与顺序图中的消息类型相同，每个消息都必须有唯一的编号。

4. 消息编号

与顺序图一样，协作图中消息的编号也有两种：顺序编号；嵌套编号。嵌套编号展示消息的层次关系。图 5-25 所示是系统管理员添加书籍的协作图。

第一个消息（1：additem()）表示管理员要求在维护窗口添加书籍（输入书号）；第二个消息（2：find(String)）表示维护窗口根据书号来寻找书名，":Title" 对象根据书名获得书的目录编号；第三个消息（3：update()）根据书籍的目录编号修改书目下面书的数量。

图 5-25　协作图示例

5.2.2　循环和分支

1. 循环

在协作图中，用一个迭代符 " * " 和迭代子句（可选）来表示循环。可以使用任何有意义的句子来表示迭代子句。常用的迭代子句如表 5-3 所示。

表 5-3　常用迭代子句

迭 代 子 句	语　义
[i：= 1…n]	迭代 n 次
[I = 1…10]	I 迭代 10 次
[while(表达式)]	表达式为 true 时才进行迭代
[until(表达式)]	迭代到表达式为 true 时，才停止迭代
[for each(对象集合)]	在对象集合上迭代

图 5-26 所示,是管理员通过课程管理器打印所有的课程信息的协作图。

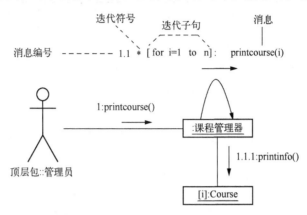

图 5-26 打印课程信息

图 5-26 的迭代子句是:[for i=1 to n],也可以写成:[loop min max(condition)]格式。"*"符号表示顺序迭代,即每次迭代之间是顺序进行的。若迭代之间是并发关系,则采用迭代符号"*//"。

图 5-26 的逻辑语义如下:管理员给课程管理器发送打印所有的课程信息(printcourse())。课程管理器收到消息后,循环调用自身的消息(printcourse(i))请求打印第 i 门课程的信息,这时,课程管理器给课程对象(Course 对象)发送消息(printinfo()),打印第 i 门课程的相关信息。

2. 分支

在协作图中,用监护条件来表示分支。监护条件的格式是:[条件表达式]。图 5-27 展示了课程注册系统的协作图。为学生注册课程包括三个步骤:

1)在系统中找出某个学生的信息。

2)在系统中找出正确的课程。

3)找到学生(stud)和课程(cour)后,才为该学生注册。

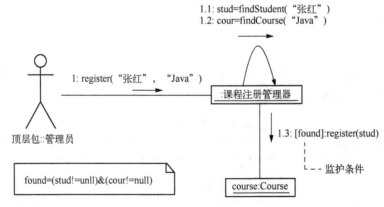

图 5-27 课程注册

图 5-27 的逻辑语义如下:

当学生张红向管理员提出学习 Java 课程时,管理员请求课程注册管理器注册,即管理员向课程注册管理器发送消息（1：register（"张红"，"Java"））；课程注册管理器向自身发送两条消息：（1.1：stud＝findStudent（"张红"）；1.2：cour＝findCourse（"Java"）），要求获得学生信息和课程信息（学生和课程信息分别保存在临时变量 stud 和 cour 中），如果学生信息和课程信息都为真，即 found 为真，则向课程对象（course）注册该学生（1.3：[found]：register（stud））。

5.2.3　顺序图与协作图

顺序图与协作图都表示对象之间的交互，只是侧重点有所不同，下面是两种图的异同点：

1）两种图都可以采用消息的顺序编号、嵌套编号方案。消息的编号显示了消息执行的先后顺序。

2）顺序图强调了消息的时间顺序，但没有注明对象在交互中承担的角色。

3）协作图强调了对象在交互中承担的角色，但对象在交互中的先后顺序必须从消息的顺序号获得。

4）顺序图显示了对象的激活状态和去激活状态，也可以显示出对象的创建和销毁的相对时间，协作图则没有这些功能。

两种图的语义是等价的，可以采用 Rational Rose 工具把一种形式的图转换成另一种形式的图，而不丢失任何信息。

5.3　小结

本章介绍了顺序图和协作图组成元素：

1）顺序图。首先介绍了顺序图中的对象、生命线、控制焦点、消息；其次介绍消息的顺序编号、嵌套编号方法；最后，介绍顺序图中的流程控制元素：循环、分支、并发、临界区等操作符的语义、表示法和使用方法。

2）协作图。首先介绍协作图中的元素组成，其次，介绍协作图中的流程控制元素：循环和分支操作符的语义、表示法和使用方法。

5.4　习题

一、选择题

1. 顺序图的构成对象有_____。

　（A）对象　　　　（B）生命线　　　　（C）激活　　　　（D）消息

2. UML 中有四种交互图，其中强调控制流时间顺序的是_____。

　（A）顺序图　　　（B）通信图　　　　（C）定时图　　　（D）交互概述图

3. 在顺序图中，消息编号有_____。

　（A）无层次编号　（B）多层次编号　（C）嵌套编号　　（D）顺序编号

4. 在顺序图中，返回消息的符号是_____。

　（A）直线箭头　　（B）虚线箭头　　（C）直线　　　　（D）虚线

二、简答题

1. 控制焦点代表了什么？顺序图中的对象有哪两种状态？

2. 有哪两种消息编号方案？

3. 简要说明同步消息与异步消息的异同点。

4. 简要说明顺序图和协作图的主要组成元素。

5. 简要说明顺序图和协作图的异同点。

三、填空题

1. 消息格式：（   ）：消息名（参数表）。

2. 对象交互形成的控制流程有三种，它们是：分支、（   ）和循环。

3. 一个区域就是一个（   ）。区域之间用虚线隔开，每个区域拥有一个监护条件和一个（   ），监护条件写在（   ）中。

4. 表示分支的操作符有两个：alt 表示（   ），opt 表示单选。

5. 属于 consider 消息列表中的消息才能在（   ）组合区内执行。

6. Assert 组合区必须嵌入在（   ）组合区中。

7. critical 组合区也称为"临界区域"。在临界区域中所有的操作要么（   ），要么都不执行。

8. ref 操作符用于引用其他的图，被引用的图的名字写在（   ）中央。

9. 协作图用一个迭代符（   ）和迭代子句（可选）来表示循环。

第6章
活动图

常用活动图对工作流建模、对业务过程建模、对程序建模。活动图与流程图最主要的区别在于，活动图能够描述活动的并发行为，而流程图不能。

本章要点

活动节点、转换、分支。

分岔与汇合。

常用建模元素。

学习目标

掌握活动图的阅读方法和绘制方法。

6.1 活动图的组成元素

活动图的主要元素有活动节点、转换和流程控制元素（分支、并发和循环）。活动图描述了事物从一种活动转换到另一种活动的整个过程。某公司订单处理过程用一张活动图表示如图 6-1 所示。

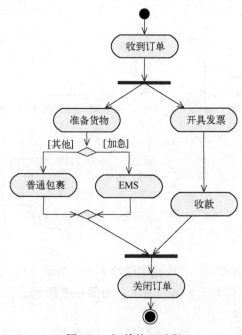

图 6-1 订单处理过程

图 6-1 包括的元素有：初始节点、终点、活动节点、转换、判决节点、监护条件、分岔与汇合。其中，分支由转换和判决节点组成，并发控制由分岔与汇合实现。

1. 初始节点和终点

初始节点表示活动的起点，用一个实心圆表示，一个活动图中只有一个活动初始节点。终点表示活动的终结点，用一个实心圆圈外套一个圆表示活动的终点，一个活动图中可以有多个活动终点，如图 6-2 所示。

2. 活动节点

活动又称为活动节点，一个活动节点是由多个动作组成的集合。活动节点用圆角矩形表示，每个活动节点有一个名字，名字写在圆角矩形内部。

活动节点的名字有两种格式：

1）文字格式。用文字描述活动内容，如图 6-3a。

2）表达式格式。用表达式描述活动内容，如图 6-3b 所示。

初始节点　　　　　　　终点

图 6-2　初始节点和终点的表示方法

图 6-3

a）用文字描述活动　b）用表达式描述活动

用活动图表示语句：for（i=0;i<8;i++），循环输出 0~7 共 8 个数字，如图 6-4 所示。

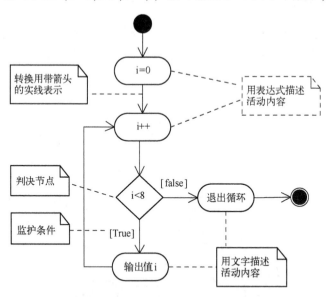

图 6-4　用文字和表达式描述活动内容

3. 转换

当一个活动节点执行结束后，活动就传递给下一个活动节点。连接两个活动节点的连线称为"转换"。转换用一条带箭头的直线表示，如图 6-5 所示。

4. 判决节点和监护条件

当从一个活动节点到另一个活动节点的转换需要条件时，常用判决节点和监护条件表示活动的分支结构。

判决节点用菱形表示。它有一个输入转换（箭头从外部指向判决节点），两个或多个输出转换（箭头从判决节点指向外部）。并且**每个输出转换上都会有一个监护条件（监护条件写在中括号里）**。监护条件表示满足某种条件时才执行转换，如图 6-6 所示。

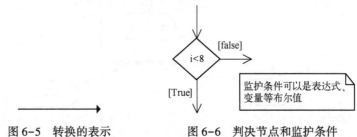

图 6-5　转换的表示　　　　图 6-6　判决节点和监护条件

活动图没有直接提供表示循环的建模元素，但可以利用判决节点和监护条件实现循环，如图 6-4 所示。

5. 分岔与汇合

用判决节点和监护条件表示有条件的转换。用分岔与汇合表示并发活动。分岔线与汇合线都使用加粗的水平线或垂直线表示，如图 6-7 所示。

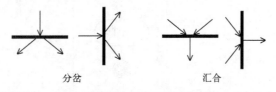

图 6-7　分岔与汇合的表示方法

1）分岔。每个分叉有一个输入转换和两个或多个输出转换，每个转换都是独立的控制流。

2）汇合。每个汇合有两个或多个输入转换和一个输出转换。当所有的输入转换都达到汇合点后，汇合点的输出转换才能执行。

分岔用来表示两个或多个并发活动的分支，而汇合则用于同步这些并发活动的分支。

6.2　常用建模元素

活动图中常用到的建模元素有：泳道、对象流、参数、别针、中断、异常、扩展区和信号。

1. 泳道

为了在活动图中展示活动的执行者，可以通过泳道实现。如图 6-8 所示，活动的执行者有：仓库人员、销售人员和财务人员。将活动图分成 3 个泳道（每个矩形代表一个泳道），左边泳道中的所有活动的执行者是仓库人员；右边泳道中的所有活动的执行者是财务人员；中间泳道中的所有活动的执行者是销售人员。若某个活动由两个泳道共同完成时，就把该活动节点置于两个泳道之间共享。

泳道之间用一条垂直线分隔，每个泳道的名称是唯一的（泳道的名称用泳道的执行者来命名），例如本例中的仓库人员、销售人员和财务人员是各自泳道活动的执行者。泳道不仅体现了活动的控制流，还体现了活动的执行者。

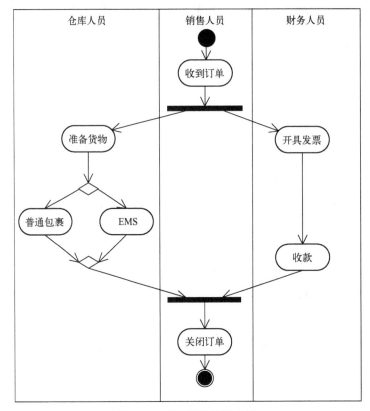

图 6-8　展示泳道的活动图

2. 对象流

在活动图中可能存在这样一些现象：一些对象进入一个活动节点，经过活动节点处理后修改了对象的状态；某个活动节点执行后可能要创建或删除一些对象；另一些活动节点执行时需要用到一些对象。在这些活动中，对象与活动节点紧密相关，用户可以在活动图中把相关的对象展示出来，即显示哪些对象进入活动节点，哪些对象从活动节点中输出，哪些对象的状态被活动节点修改了，这样做对编程具有现实意义。

可以在活动图中展示一个对象的状态和属性值的变化。表示对象的方法如图 6-9 所示。

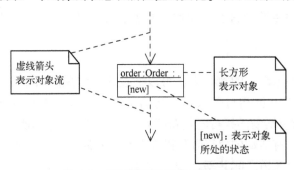

图 6-9　活动图中的对象表示方法

图 6-10 所示表示了"订单处理"活动的一个片段。

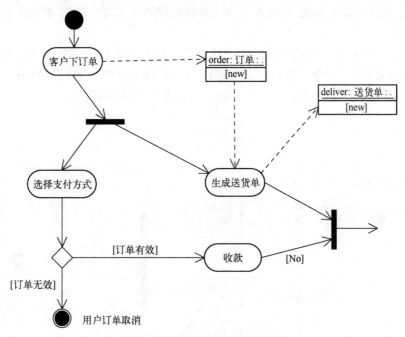

图 6-10　标识对象流的活动图

1）当执行"客户下订单"时，将创建一个订单对象（order），order 用来存放订单的信息。

2）当执行"生成送货单"时，该活动要用到订单对象（order），将根据 order 信息创建多个送货单（deliver）。

3. 参数

执行活动节点前需要输入多个参数，执行活动节点后要输出参数。用小矩形表示的参数是一个对象。如果打算展示活动节点执行前需要输入哪些参数，以及活动节点执行后需要输出哪些参数，可以在活动图中展示参数。

图 6-11 所示，图中包含输入参数和输出参数。参数都绘制在活动节点的边界上，输入参数绘制在活动节点的左边界上，输出参数绘制在活动节点的右边界上。

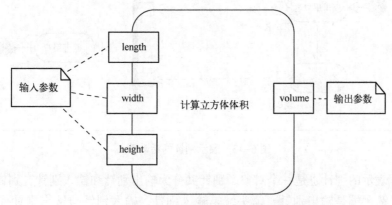

图 6-11　展示活动节点的输入参数和输出参数

如图 6-11 所示，活动节点"计算立方体体积"。在执行活动前，先要输入 3 个输入参数：长（length）、宽（width）和高（height），执行活动后输出的参数：立方体体积（volume）。

4. 别针

图 6-12 是一个展示对象流的活动图，活动图中有 2 个对象。当执行"获得用户名"活动时会创建"用户名"对象，执行"获得密码"活动时会创建"密码"对象。当这 2 个对象流入到"认证用户"活动节点后，用户被认证，整个活动结束。

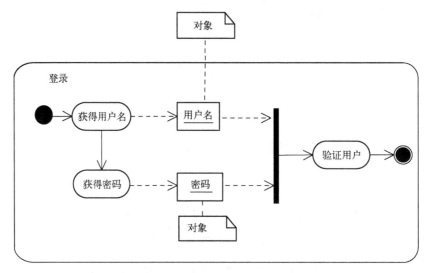

图 6-12 展示对象流的活动图

当活动图中的对象很多时，整个图看起来很混乱，这时，可以用别针（一个小方框）表示对象，如此，活动图显得更清晰。

当用别针代替图 6-12 中的对象后，得到一个等价的活动图，见图 6-13。

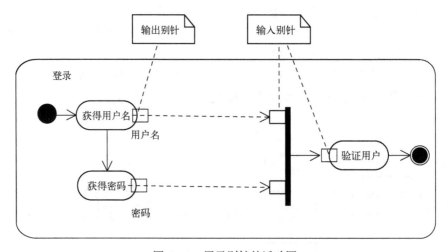

图 6-13 展示别针的活动图

用小方框表示的别针也是一个对象。别针又分为输出别针和输入别针，别针绘制在虚线箭头的两端，箭尾端是输出别针，箭头端是输入别针。输入别针与输出别针代表同一个对象。一般把别针绘制在活动节点的边界上。

5. 中断

当一个中断事件到达时导致某些活动被终止。把中断导致停止的活动放在一个区域中，这个区域就是中断区。用一个虚线框表示中断区，用齿形箭头表示中断边。

图 6-14 中，虚线框中有三个活动（获得用户名、获得密码、取消），这个虚线框就是中断区。当活动焦点在中断区并收到"取消"信号后，中断区中的三个活动都会停止执行，控制流转向中断边。

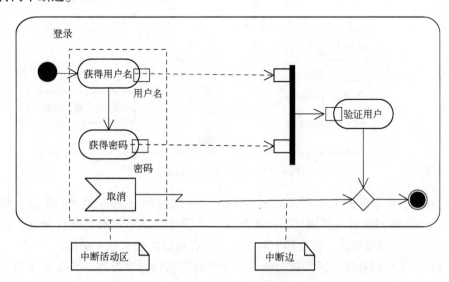

图 6-14　展示中断的活动图

6. 异常

程序运行过程中出现的错误称之为异常。Java 语言为了实现对受保护的代码进行有效处理，引入异常处理机制，即每当程序出现异常时，就抛出异常对象，由异常处理函数处理异常对象。

图 6-15 所示，用 UML 图展示了计算机的异常处理流程。

图 6-15 中，活动节点"认证用户"执行前的输入对象是："用户名"和"密码"，该节点执行后，可能输出异常对象（logException）。如果抛出了异常（logException），则活动节点"log error"对异常（logException）进行捕捉，并对异常进行处理。

由于"认证用户"的输入别针是："用户名"和"密码"，输出别针是："logException"。因此，活动节点"认证用户"受到了保护。

节点"log error"对异常（logException）进行捕捉，并对异常进行处理。

7. 扩展区

如果集合中的每个对象都需要被共同的活动节点处理，可以把这些活动封闭在一个扩展区中，并指定扩展区的工作模式。

扩展区用**虚线的圆角矩形**表示，在扩展区的左边界上是输入扩展节点（由 3 个小方块组成），作用是接收外部对象流的输入。在扩展区的右边界上是输出扩展节点（由 3 个小方块组成），经此节点向外部输出对象。

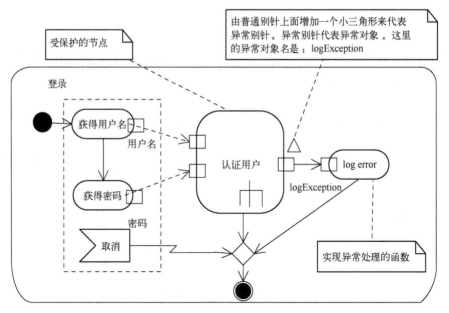

图 6-15　展示异常的活动图

图 6-16 中，扩展区的工作模式是 iterative。扩展区接收 student 对象的集合，但是，每次只有一个 student 对象进入扩展区，由扩展区中的两个活动节点对其进行处理，当所有的对象在扩展区中处理完毕后，被处理完的学生集合在输出扩展节点上输出。

从图 6-16 中可以看出，扩展区对输入的每个对象进行循环处理，扩展区相当于程序设计语言中的循环语句。

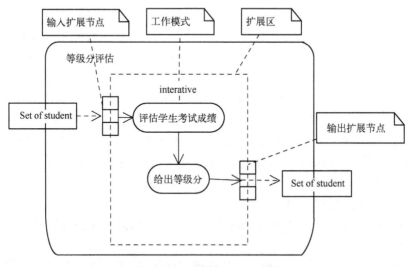

图 6-16　展示扩展区的活动图

扩展区对输入和输出元素的要求如下：

1）输入集合类型与输出集合类型匹配。

2）输入对象与输出对象类型必须相同。

扩展区的工作模式只能是下面三种情况之一：

1）Iterative。顺序处理集合中的每个对象。仅当所有对象处理完毕后，才将对象集合提交给输出扩展节点上。

2）Parallel。并行处理集合中的每个对象。仅当所有对象处理完毕后，才将对象集合提交给输出扩展节点上。

3）Stream。逐个处理集合中的每个对象，并将处理完的对象直接提交给输出扩展节点上。

8. 信号

信号表示对象之间的一种异步消息。出现信号的现象称为信号事件。信号元素有 3 种，分别是时间信号、发送信号、接收信号，其表示方法如图 6-17 所示。

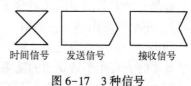

图 6-17　3 种信号

1）时间信号。随着时间流逝而发出的信号。当时间到达某个**特定时刻**或者经过一个**时间段**，就会触发时间事件，例如每天 10 点时闹钟开始响铃（信号）。

2）发送信号。发送者发送信号，对接收者而言则为"接收信号"。

3）接收信号。接收者收到的信号。

图 6-18 所示，展示了手机卡验证的信号图。该图表示的逻辑如下：

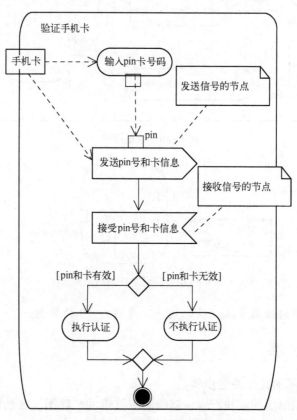

图 6-18　手机 pin 号验证

对象"手机卡"流向活动节点"输入 pin 卡号码";活动节点"输入 pin 卡号码"执行后,产生发送信号,这时,电信服务器接收到 pin 号和卡信息后,对卡号和卡信息进行验证,如果卡号和卡信息有效,就执行认证活动,如果卡号和卡信息无效,就不执行认证活动。

6.3 嵌套活动图

如果一个大的活动图又包含了小的活动图,则称大活动图为嵌套活动图(也称为主活动图),称小活动图为子活动图。

如果一个活动图很复杂,可以把其中的一组相关活动看作是一个子活动图,这时在绘制主活动图时,可用子活动图的**简图代替子活动图**。

图 6-19 所示,活动图"认证用户"是一个嵌套活动图,其简图表示为图 6-20。

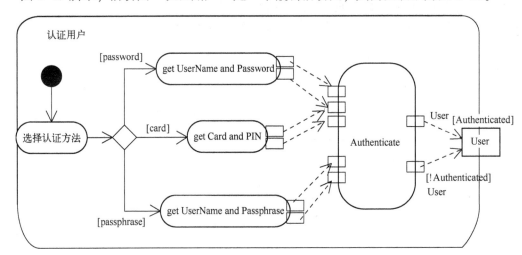

图 6-19 认证用户

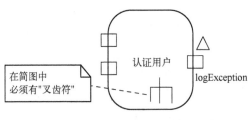

图 6-20 认证用户的简图

说明:图 6-15 中的活动节点"认证用户"是图 6-19 的简图。

6.4 常用建模技术

下面是绘制活动图的几个关键步骤:

1)如果希望标识出活动的执行者,就绘制带泳道的活动图,在绘制活动图前先找出活动的执行者,然后找出每个执行者参与的活动。

2)在描述活动节点之间的关系时,应最大限度地采用分支,以及分岔与汇合等基本建模元素描述活动控制流程。

3）如果希望标识出活动节点执行前后对象的创建、销毁以及对象的状态变化情况，则在活动图中绘制对象流。

4）如果希望更详地细描述活动图，就应该利用一些高级的建模元素，比如，在活动图中展示信号、别针、对象、中断、参数，或者用分支和循环来描述活动图中的执行流程，利用分岔与汇合描述并发流程。

活动图主要用于两个方面建模：一是在业务分析阶段对工作流建模；二是在软件设计阶段对操作流建模。

6.4.1　对工作流建模

活动图中的每条泳道表示一个职责单位（可以是个人，也可以是一个部门），每个泳道的执行者（或职责人）体现了职能部门的工作职责、业务范围以及部门之间的交互关系。

用活动图来对工作流程进行建模时，应遵循以下一些原则：

1）从整个工作流中选出一部分能体现高层职责的部门（或角色），并为每个重要的职责部门（或角色）创建一条泳道。

2）标识工作流初始节点的前置条件和活动终点的后置条件，以便有效地找出工作流的边界。

3）从工作流的初始节点开始，找出随时间向前推动的动作，或者活动，并在活动图中把它们绘制成活动节点。

4）将复杂的活动或多次出现的活动用一个或多个子活动图的简图表示，然后为每个简图绘制出详细的活动图。

5）找出连接活动节点的转换，首先识别活动节点之间的转换，其次考虑分支，最后考虑分岔与汇合。

6）如果希望显示出工作流中的重要的对象，就要把对象流也加入到活动图中。

7）若工作流中有重复执行的活动，就采用扩展区来表示循环活动。

例如，在图 6-21 所示的活动图中，职责部门包括：储藏部、销售部和财务部，因此可以将其分成 3 个泳道。它们是：仓库人员、销售人员、财务人员。

1）仓库人员的工作包括：准备货物、包裹邮寄（包括普通邮寄、EMS 特快邮寄）。

2）销售人员的工作包括：接收客户订单、根据订单资料创建 3 份发货单（一份给仓库人员，一份给财务部）、关闭订单。

3）财务人员的工作包括：开具发票、收款。

其中，仓库人员的工作与财务人员的工作可以并发执行。而且，当且仅当包裹邮寄任务完成了、客户的货款也收到了后，才能关闭订单。因此，关闭订单的前置条件是邮寄包裹与收款活动必须均已完成。

6.4.2　对操作建模

在系统设计期间，常用活动图对对象的职责建模（对象的职责由一系列操作共同完成，在类设计后期，每个操作转换为类的方法），也可以用活动图对接口、构件、结点、用例和协作建模。

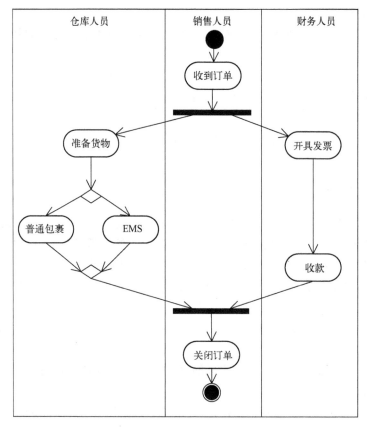

图 6-21　对工作流建模

在用例分析阶段，常采用活动图对用例中的事件流建模。当用例中的事件流比较复杂、分岔与汇合较多时，通过一张活动图，能清晰明了地反映对象间的逻辑关系。

当使用活动图对操作进行建模时，应遵循以下原则：

1）寻找所有的操作、操作的参数、返回类型、操作所属类，以及操作相关的类。

2）识别该操作初始节点的前置条件和活动终点的后置条件，同时也要识别在操作执行过程中必须保存的信息。

3）从操作的初始节点开始，识别随着时间向前推移的所有活动，并在活动图中将它们绘制成活动节点。

4）如果需要，应使用分支来说明条件语句及循环语句。

5）如果操作是由一个主动类发出的，才在必要时采用分岔与汇合来说明并行的控制流程。

图 6-22 显示了打电话这一操作流程。打电话前，电话机处于挂机状态；打电话开始，第 1 个动作是：摘机；第 2 个动作是：拨号；第 3 个动作可能是：说，也可能是：听。说和听可以并发进行；听和说的动作都结束了后，才开始第 4 个动作：挂机。

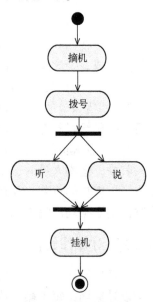

图 6-22　对操作建模

图 6-22 所示，所有的操作是由人执行的，而且，听和说可以并行发生。所以，图中用分岔与汇合来描述动作：听、说。

6.5　小结

本章首先讲解了活动节点、转换、分支与监护条件、分岔与汇合等基本建模元素的语义、表示法和使用方法；其次，介绍了高级建模元素：泳道、对象流、参数、中断、异常、别针、中断区和扩展区；第三，介绍工作流建模和对操作建模的方法。

6.6　习题

一、选择题

1. 组成活动图的要素有_____。

（A）泳道　　　　（B）动作状态　　　（C）对象　　　　（D）活动状态

2. 活动图中的开始状态使用_____表示。

（A）菱形　　　　（B）直线箭头　　　（C）黑色实心圆　　（D）空心圆

3. UML 中的_____用来描述过程或操作的工作步骤。

（A）状态图　　　（B）活动图　　　　（C）用例图　　　　（D）部署图

4. _____技术是将一个活动图中的活动状态进行分组，每一组表示一个特定的类、人或部门，他们负责完成组内的活动。

（A）泳道　　　　（B）分支　　　　　（C）分叉汇合　　　（D）转移

二、简答题

1. 活动节点的名字的书写格式有哪两种？

2. 简要说明输入转换和输出转换的含义。

3. 判决节点和监护条件分别用什么符号表示？

4. 如何区别分岔线和汇合线？

5. 简要说明中断区、中断边的含义。

三、填空题

1. 仅当所有的并发（　　　　）转换都在汇合线段上集合后，汇合线段上的输出转换才能迁移到下一个活动节点。

2. 泳道用来标识活动的（　　　　　）。用活动执行者的名称作为（　　　）的名字。

3. 一个活动节点可以有（　　　　）和输出参数。

4. 别针也是一个（　　　　　），其图形符号是一个更小的方框。

5. 中断区的图形符号：用虚线绘制的（　　　　　）表示中断区。

6. 用三角形与（　　　）一起表示异常别针。

7. 输入扩展节点绘制在扩展区的（　　　　）。输出扩展节点绘制在扩展区的（　　　）。

8. Iterative：（　　　）处理集合中的每个对象。当所有对象处理完并在输出扩展节点上组成（　　　　）后，才能向外流出。

9. Parallel：（　　　）处理集合中的每个对象。当所有对象处理完并在输出扩展节点上组成对象集合后，才能向外流出。

10. Stream：（　　　）处理集合中的每个对象。每个处理完的对象到达输出扩展节点直接向外流出。

11. 信号是一种表示对象之间通信的（　　　）消息，有 3 种信号，它们是（　　　）、（　　　）、（　　　）。

12. 发送信号发出一个异步消息。对于（　　　）而言是发送信号，对于（　　　）而言是"接收信号"。

第7章
交互概况图、定时图和部署图

交互概况图的作用是演示用例的实现。定时图描述了在某个时刻或时间段内对象的状态变化，常用定时图对实时性较强的系统建模。部署图描述了硬件结点及其关系，也可以描述构件在硬件结点上的分布情况，常用部署图对系统的实现建模。

本章要点

交互概况图、定时图和部署图。

学习目标

掌握交互概况图、定时图和部署图的阅读方法与绘制方法。

7.1 交互概况图

交互概况图是将活动图和顺序图嫁接在一起的图。交互概况图有两种：一种以活动图为主线，另一种以顺序图为主线。绘制两种交互概括图的方法如下。

1. 以活动图为主线

以活动图为主线的交互概况图的绘制步骤：

1）第1步，绘制活动图。从活动图中选择重要的活动节点。

2）第2步，用顺序图描述重要的活动节点。

2. 以顺序图为主线

以顺序图为主线的交互概况图的绘制步骤：

1）第1步，绘制顺序图。从顺序图中选择重要的对象。

2）第2步，用活动图详细描述重要对象的活动过程。

7.1.1 活动图为主线

下面以课程管理系统为例，说明绘制以活动图为主线的交互概括图，步骤如下。

1. 绘制活动图

图7-1所示是一个描述课程管理系统的活动图。

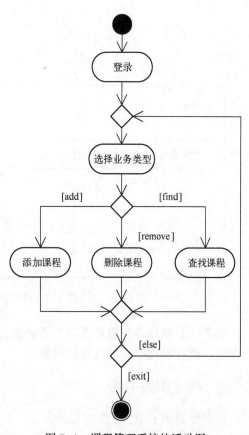

图7-1 课程管理系统的活动图

95

2. 用顺序图描述重要的活动节点

（1）首先确定重要的活动节点

本例认为"添加课程"是一个重要的活动节点。

（2）绘制重要活动节点的顺序图

回答下面问题：

1）"添加课程"活动由哪些对象组成？回答这一问题，找出相关的对象；

实现"添加课程"活动的对象有：课程管理员、课程注册管理系统（RegisterManager）、课程（Course）。

2）对象之间是如何交互的呢？回答这一问题，找出对象间交互的消息；

图7-2所示是实现"添加课程"活动的顺序图。

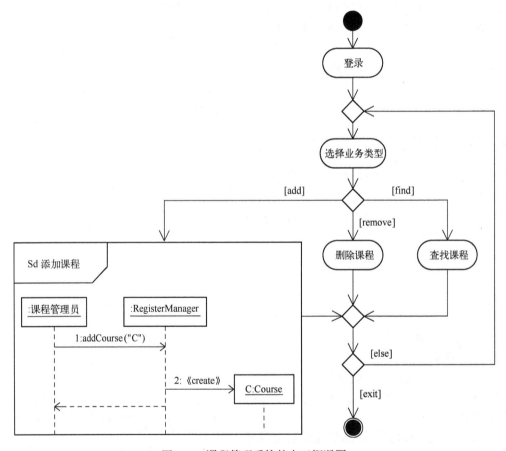

图 7-2　课程管理系统的交互概况图

图7-1是描述课程管理活动的**活动图**，图7-2是对图7-1的细化，即对图7-1中"添加课程"进行细化得到的**交互概况图**。

7.1.2　顺序图为主线

在下面的例子中，B类对象计算 x^2，C类对象计算 x^2+x^3。本例是以顺序图为主线，以活动图为辅助的交互概况图。绘制步骤如下：

1. 绘制顺序图

图7-3所示描述三个对象的顺序图。如果$x<10$，则A类对象请求B类对象计算x^2，否则，A类对象请求C类对象计算x^2+x^3。

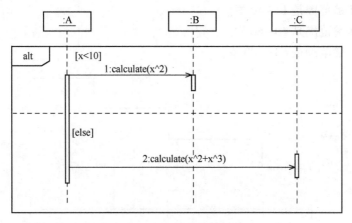

图7-3 计算表达式的顺序图

2. 用活动图描述重要对象的活动过程

选择C类对象为重要的对象，用活动图描述该对象的活动过程。如图7-4所示。

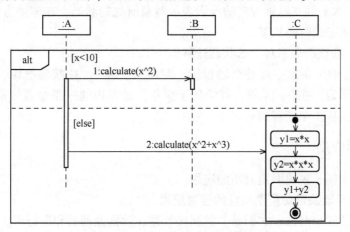

图7-4 计算表达式的交互概况图

7.2 定时图

定时图是一种实时性较强的顺序图。如果要对实时性较强的系统建模，就采用定时图。例如，工业控制系统、人工智能系统、嵌入式系统都是实时性较强的系统。

7.2.1 定时图的组成元素

定时图是纵轴和横轴构成的二维平面结构图：

1）纵轴。对象的不同状态构成纵轴。

2）横轴。表示时间的横轴由左向右延伸。

定时图包含的基本元素有：消息、水平线（代表状态）和垂直线（代表状态迁移）。

图 7-5 表示一个人在不同时间段所处的状态。从图中可以看出，人有四个状态：

1）少年。年龄范围是 0~14 岁。

2）青年。年龄范围是 14~40 岁。

3）中年。年龄范围是 40~60 岁。

4）老年。年龄范围是 60~100 岁。

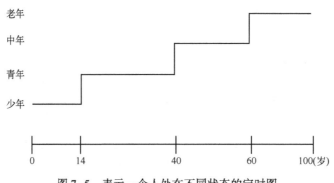

图 7-5 表示一个人处在不同状态的定时图

阅读定时图的方法：

1）水平线。水平线在纵轴方向的投影表示对象所处的状态，在横轴方向的投影的长度表示对象处于该状态的时间长度。

2）垂直线。垂直线表示对象的状态迁移。

比如，最左边的一条水平线往纵轴投影，对应"少年"，往横轴投影，对应"0~14"，即这段水平线翻译为：在 0~14 岁，对象处于少年。最左边的一条垂直线翻译为：在 14 岁时发生状态迁移，从少年迁移到青年。

7.2.2　定时图应用

下面通过两个例子来说明定时图的应用。

1. 定时图表示地铁自动售票系统的控制逻辑

售票系统包括三个对象，它们是：数据接收器、数据处理器和通行卡。图中的水平线表示"状态"，垂直线表示"状态迁移"，带箭头的实线表示"消息"。

在绘制定时图时，将方形框分隔成三栏，把三个相关的对象（数据接收器、数据处理器和通行卡）分别写在不同的栏中。然后，在每个栏中标示对象的不同状态。如图 7-6 所示。

图 7-6 中定时图表示的控制逻辑如下：

1）乘客在售票机端口处选择进入系统，数据接收器开始启动，乘客输入信息以及投入钱币。

2）售票系统将数据信息传至数据处理器，数据接收器进入等待校验状态，并发送一条"检验请求"消息给数据处理器。

3）数据处理器进入检验信息状态，如果校验通过，数据处理器就发送一个"禁用"消息给数据接收器，使数据接收器处于禁用状态，并使数据处理器转入开启状态。

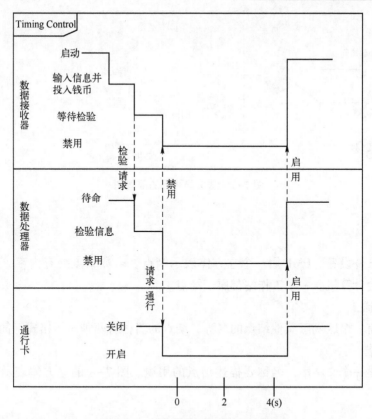

图 7-6 自动售票系统的控制逻辑

4）通行卡出口处于开启状态，传出地铁票卡，在 4 s 后，通行卡出口自动关闭，并且发送一个"启用"消息给数据接收器。

5）这时售票已经结束，数据接收器又开始重新工作，等候乘客输入数据，数据集处理器和通行卡出口处于待命状态。

地铁自动售票系统的操作可以这样理解：

乘客在售票机端口处选择进入系统，输入信息（乘客目的地和票数量）以及投入钱币，数据接收器将数据信息发送给数据处理器，数据处理器对其进行校验，如果校验通过，通行卡处就传出通行票卡，乘客在 4 s 内接受票卡，售票系统开始新一轮的自动售票业务。

7.3 部署图

部署图的主要元素有结点和链接。图 7-7 是一个典型的部署图，该图展示了某酒店局域网组成和结构。

图 7-7 中，防火墙左边是三个外部设备（外部访问点），防火墙右边是一个局域网，局域网内有四个设备：工作站、门禁传感器、数据库服务器、打印机。图中所有的硬件设备统称为**结点**，设备之间的连线统称为**链接**，链接代表设备间的通信。

部署图包含结点和链接两个部分，下面分别介绍结点和链接的语义与表示法。

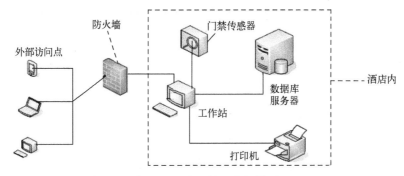

图 7-7　酒店局域网的部署图

7.3.1　结点

结点代表硬件设备，UML 用一个立方体表示结点。多数结点拥有内存，并具备处理能力。例如，一台计算机、一个工作站都属于结点。

1. 结点名称

每个结点有一个区别于其他结点的名称，结点的名称有两种表示格式：简单名和全名。

（1）简单名

简单名就是一个文本串，名称要描述结点的用途。图 7-8 的立方体表示一个结点，其名称是：Node。

（2）全名

全名是在简单名前面加上结点所属的包名。图 7-9 中的结点是一个处理器，其名称是：work::p28，其中，work 是包名，表示处理器 p28 属于 work 包。

2. 结点分类

结点分为处理器和设备。具备处理器能力的结点称为处理器，没有处理器能力的结点称为设备。处理器的构造型是<<Processor>>，设备的构造型是<<Device>>。

（1）处理器（Processor）

处理器是能够执行软件、具有计算能力的结点。处理器的表示如图 7-9 所示。

图 7-8　结点的表示　　　　　　　图 7-9　处理器的表示

（2）设备（Device）

设备是没有计算能力的结点，例如打印机、IC 读写器，如果不考虑它们内部的芯片，就可以把它们看作设备。设备的表示如图 7-10 所示。

3. 结点中的构件

当构件驻留到结点后，可以在结点上描述构件，如图 7-11 所示。

部署图中最有价值的信息是部署在结点上的制品。

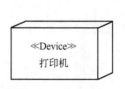

图 7-10　设备的表示

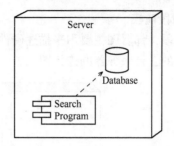

图 7-11　在结点 Server 中驻留了两个构件

4. 结点属性

像类一样，可以为一个结点提供属性描述，如处理器速度、内存容量、网卡数量等属性。也可以为结点提供启动、关机等操作属性。

5. 结点与构件

结点表示一个硬件部件，构件表示一个软件部件。两者既有相同之处，也有区别。

（1）相同点

结点和构件都有名称，都可以参与依赖、泛化和关联关系，都可以被嵌套，都可以有实例，都可以参与交互。

（2）不同点

结点和构件的主要区别：构件是软件系统执行的主体，而结点是执行构件的物理平台；构件是逻辑部件，而结点是物理部件，构件部署在物理部件上。

7.3.2　链接

结点之间的通信称为链接，链接用一条实线表示。部署图关心的是结点之间是如何连接的，因此描述结点间的关系一般不使用名称，而是使用构造型描述。图 7-12 是结点之间连接的例子。

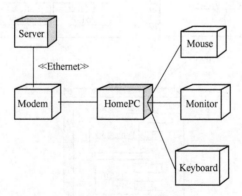

图 7-12　结点之间连接的例子

7.3.3　常用建模技术

通过前两节的学习，大家对于部署图的作用已有所了解，在实际的应用中，部署图主要用在设计和实现两个阶段。

101

1. 设计阶段建模

在设计阶段，部署图主要用来描述硬件结点以及结点之间的连接，如图 7-13 所示，是某公司局域网的三台服务器的连接图。

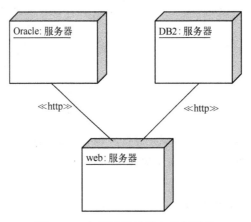

图 7-13　仅描述硬件结点的部署图

图 7-13 并没有描述结点内的构件以及构件间的关系。在设计阶段，还没有创建出软件构件。

2. 实现阶段建模

在实现阶段，已经生产出了软件构件，因此，可以把构件分配给对应的结点，如图 7-14 所示。

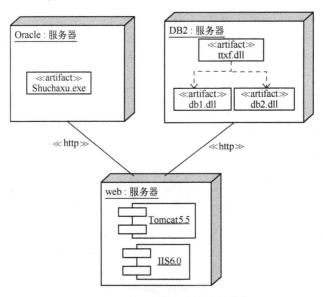

图 7-14　描述了结点内部署的构件

可以看出，图 7-14 是对图 7-13 的细化。

实际应用当中，部署图主要用来对嵌入式系统、客户机/服务器系统、分布式系统进行建模，而且能够起到很好的作用。

7.4　小结

本章介绍了交互概况图、定时图和部署图。

（1）交互概况图

交互概况图有两种形式，一种是以活动图为主线，对活动图中的重要活动节点进行细化；另一种是以顺序图为主线，用活动图细化顺序图中的重要对象的行为。

（2）定时图

首先介绍了定时图中基本元素的语义、表示法和阅读方法，然后用一个实例介绍了定时图的应用。

（3）部署图

首先介绍了结点、链接的概念和表示方法以及如何对结点中的构件建模，最后阐明了部署图的应用领域，即对嵌入式系统建模、对分布式系统建模。

7.5　习题

一、简答题

1. 比较顺序图与定时图的异同点。

2. 对饮料机的售卖过程，制作一张交互概况图（分别用两种图绘制）。

3. 对 ATM 的取款过程，制作一张交互概况图（分别用两种图绘制）。

4. 请绘制烧水壶的定时图和顺序图。

5. 请绘制图书馆书籍借还的定时图，要求与借书人员的邮箱状态关联起来，例如，当书籍到期后，一封催还书的邮件发给借书人，当书籍归还图书馆后，一封邮件告诉读者，书籍已经归还。

6. 请说明异常、事件、消息和信号之间的区别与联系。

7. 部署图与构件图有什么区别？

8. 举例说明部署图在系统分析阶段、设计阶段的应用。

9. 结点有哪些构造型？

10. 举例说明结点与构件的区别。

二、填空题

1. 交互概况图是将（　　　）和顺序图嫁接在一起的图。定时图是一种特殊的顺序图，主要用于对（　　　　　）系统建模。

2. 定时图的纵轴由对象的（　　　　　）构成，横轴表示（　　　　　），时间由左向右延伸。

3. 定时图的主要元素：对象、（　　　　　）和垂直线。

4. 定时图的水平线表示（　　　　　），垂直线表示（　　　　　）。

5. 部署图的主要元素有结点和（　　　　　）。

6. 链接表示结点之间的（　　　　），链接用一条（　　　）表示。

7. 部署图主要用在（　　　　）和实现两个阶段。

8. 部署图可以展示物理结点之间的关系，也可以展示构件在（　　　　）上的部署关系。

第 8 章
状态机图

对象在生命周期内发生一系列状态迁移。状态机图正是由一系列状态和迁移构成的图。常用状态机图给对象的行为建模。

本章要点

状态机图的组成元素。

状态、迁移。

复合状态、历史状态、子状态机间的通信。

学习目标

掌握状态机图的阅读方法和绘制方法。

8.1 状态机图的组成元素

状态机图包含的基本元素有：初始状态、终止状态、状态、迁移和判决点。

8.1.1 一个简单的状态机图

图 8-1 描述一扇门的状态迁移。

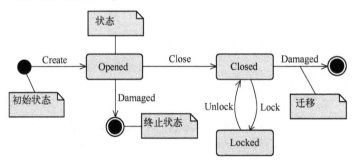

图 8-1 门的状态机图

1. 图的组成

图 8-1 包括 3 个状态和 6 个迁移：

1）3 个状态：Opened（打开状态）、Closed（关闭状态）和 Locked（锁定状态）。

2）6 个迁移。一个 Create 迁移、一个 Close 迁移、一个 Unlock 迁移、一个 lock 迁移、两个 Damaged 迁移。

2. 图的阅读

图 8-1 的阅读方法如下：

（1）初始状态

在初始状态时发生 Create 迁移，创建一个门，门处于 Opened 状态。

（2）Opened 状态

● 处在 Opened 状态的门被损坏后，门迁移（Damaged 迁移）到终止状态。

● 处在 Opened 状态的门被关上后，门迁移（Close 迁移）到 Closed 状态。

（3）Closed 状态

● 处在 Closed 状态的门锁上后，门迁移（Lock 迁移）到 Locked 状态。

● 处在 Opened 状态的门被损坏后，门迁移（Damaged 迁移）到终止状态。

（4）Locked 状态

处在 Locked 状态的门开锁后，门迁移（UnLock 迁移）到 Closed 状态。

8.1.2 状态的表示

状态包括初始状态、终止状态和状态，下面介绍三种状态的语义和表示法。

1. 初始状态和终止状态

初始状态代表对象的起始点，在一个状态图中只允许有一个初始状态。初始状态用一个实心圆表示，如图 8-2 所示。

终止状态是对象的最后状态，在一个状态图中可以有多个终止状态。在实心圆外套一个空心圆表示终止状态，如图 8-3 所示。

图 8-2　初始状态的表示　　　　　　图 8-3　终止状态的表示

2. 状态

状态是事物表现出来的形态，一般由事物的属性值表示。例如，依据年龄值的范围，人可以分为 4 个状态：少年、青年、中年和老年。

状态用圆角矩形表示，表示状态的格式有 3 种：

1）简单格式。在圆角矩形中写上状态名称，如图 8-4 所示。

2）详细格式。在圆角矩形第 2 栏写明内部动作、入口动作和出口动作，如图 8-5 所示。

3）复合状态格式。如果是复合状态，在第 1 栏中写上状态名称，在第 2 栏写上入口动作、出口动作、内部动作，在第 3 栏绘制子状态图，如图 8-6 所示。当然，也可以省去第 2 栏，只显示第 1、3 栏。

状态名称
entry/action
exit/action
do/activity
event/action(argument)

状态名称
entry/action
exit/action
do/activity
event/action(argument)
子状态图绘制在这里

状态名称

图 8-4　简单格式　　　　图 8-5　详细格式　　　　图 8-6　复合状态格式

1）状态名称：给对象所处的状态取的名字，名字用文本串表示。状态的名字应该是唯一的。

2）entry/action：表示进入该状态时执行 action 动作。关键字 entry 表示进入该状态，action 表示进入该状态时执行的动作。

3）exit/action：表示退出该状态时执行 action 动作。关键字 exit 表示退出该状态，action 表示退出该状态时执行的动作。

4）do/activity：表示处于该状态时执行 activity 活动。关键字 do 表示执行，activity 表示活动。活动是一系列动作的集合，活动可以被中断，但动作不能被中断（动作不可再分）。

5）event/action（argument）：在状态不变的情况下，事件触发的活动。关键字 event 表示事件，action（argument）表示活动，argument 表示活动执行时用到的参数。**本句用来描述内部迁移。**

通常把入口动作（entry/action）、出口动作（exit/action）、活动（do/activity）、内部迁移（event/action（argument））写在矩形框的第二栏中，如图 8-5、图 8-6 所示。

8.1.3 外部迁移的表示

迁移是在事件作用下、监护条件得到满足时，对象从一种状态转换到另一种状态的过程。迁移前的状态称为**源状态**，迁移后的状态称为**目标状态**。

外部迁移用带开放箭头的实线表示，箭尾连接源状态（转出的状态），箭头连接目标状态（转入的状态）。外部迁移的发生涉及三个要素：

1）事件。一个对象可能接收 0 个或多个事件的触发。

2）监护条件。当事件发生时可能要测试 0 个或多个监护条件。

3）动作。当事件发生且监护条件为真时，对象可能要执行 0 个或多个动作。

图 8-7 描述了烧水器的状态迁移，在迁移的上面依次列出触发事件、监护条件和动作。监护条件写在 [ ] 符号中，动作写在符号 "/" 后面。

图 8-7 烧水器的状态图

图 8-7 迁移语义解释如下：

烧水器处在 Off 状态当收到 turnOn 事件后，系统测试监护条件，若有水，则执行烧水动作，烧水器从 Off 状态迁移到 On 状态。本迁移的源状态是 Off，目标状态是 On。

迁移的描述格式如下：

触发事件[监护条件]／动作写在这里

1. 事件

事件指发生有意义的事情。事件发生时伴有相应的信号，根据不同的信号，事件分为调用、信号、改变和时间 4 种。

（1）调用事件

发送信号的对象必须等待接收信号的对象操作完成后才能继续执行自己的任务，这种信号现象称为调用事件。调用事件是一种同步机制。图 8-8 描述了银行账户（BankAccount）的三种状态迁移。该图演示了外部调用事件和内部调用事件。

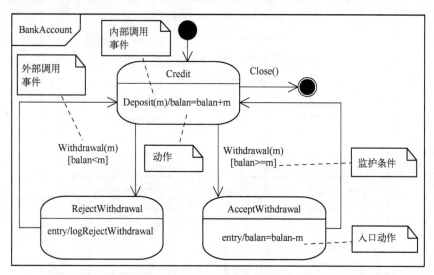

图 8-8　调用事件实例

引起状态改变的调用事件称为外部调用事件，没有引起状态改变的调用事件称为内部调用事件。

- 起初账户（BankAccount）处于"Credit"状态，当存款事件发生时（Deposit(m)），执行的动作是：balan=balan+m。因为状态没有改变，存款 deposit（m）事件属于内部调用事件。
- "Credit"状态下，当取款事件（Withdrawal(m)）发生时，若［balan<m］为真，则账户迁移到 RejectWithdrawal 状态；若［balan<m］为假，则账户迁移到 AcceptWithdrawal 状态。取款事件（Withdrawal(m)）改变了对象的状态，因此，取款事件是外部调用事件。
- 当进入 RejectWithdrawal 状态时，入口动作是：logRejectWithdrawal（拒绝取款）。
- 当进入 AcceptWithdrawal 状态时，入口动作是：balan=balan-m。

（2）信号事件

发送者将信号发送出去后不用等待接收者，而是继续执行自己的操作，这种信号现象称为信号事件。在计算机操作中发生的鼠标信号、键盘信号现象均属于信号事件。图 8-9 演示了信号事件。

当账户进入 RejectWithdrawal 状态时，系统给账户发送信号，账户再次进入 Credit 状态。

（3）改变事件

系统循环测试某个条件表达式，当条件表达式的值由 false 变为 true 时触发某个事件，并且系统将条件表达式的值再次设为 false，接着系统循环测试条件表达式的值，如此循环。在这种场合下触发的事件就是改变事件，图 8-10 演示了改变事件。

图 8-10 中，账户处于状态 Credit 时，系统循环测试表达式 balan>=8000 的值，当表达式的值由 false 变为 true 时系统触发 notifyManag()动作（通知客户可以做其他投资），并将表达式的值重新设置为 false。当系统测试到布尔表达式的值为真时，产生的事件称为改变事件。

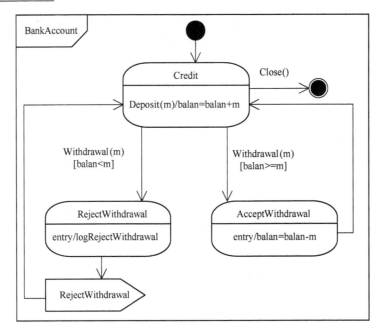

图 8-9　信号事件

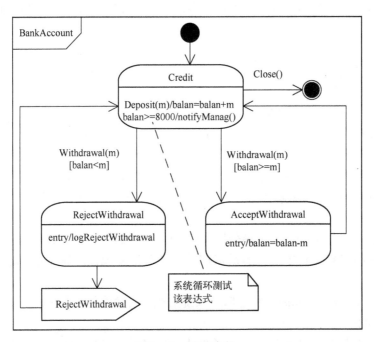

图 8-10　改变事件

（4）时间事件

当时间到达某个特定时刻或某个阈值（人为设置的时间段）时触发的事件。时间事件用关键字 when 和 after 表示。when 表示事件触发的特定时刻，after 表示事件触发的阈值时间。例如，after（2 个月）表示 2 个月后触发事件；when(date＝08/12/20010)表示当时间处于 2010 年 8 月 12 号时触发时间事件。

图 8-11 中,是某个信贷账户(Credit)状态机片段。当账户处于 Overdrawn 状态两个月以后,时间事件(after(2months))被触发,然后,账户从 Overdrawn 状态迁移到 Frozen(冻结)状态。

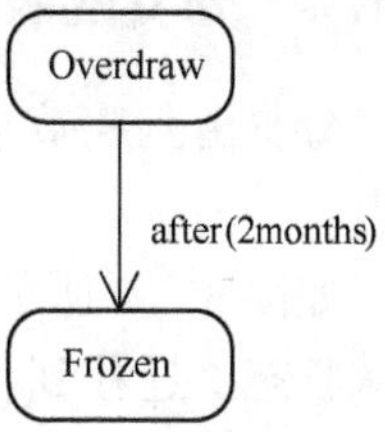

2. 监护条件

监护条件是一个写在 [ ] 符号中的布尔表达式。事件发生后,系统测试监护条件,当监护条件的值为真时,迁移才能够完成。

图 8-11 时间事件

3. 动作

UML 把不能进一步分解的操作或者语句称为动作,**动作不能被中断**。动作可以是一个赋值语句、算术运算、表达式、调用语句、创建和销毁对象、读取和设置属性的值。例如,在图 8-12 中,当 turnOn 事件发生后,系统测试监护条件"[有水]",如果有水,就会执行"烧水"的动作。动作分为入口动作和出口动作:

1) 入口动作:入口动作表示对象进入某个状态时所要执行的动作。入口动作用格式"entry/要执行的动作"表示。

2) 出口动作:出口动作表示对象退出某个状态时所要执行的动作。出口动作用格式"exit/要执行的动作"表示。

4. 活动

一般情况下,处于某个状态的对象正在等待一个事件的发生,这时对象是空闲的。有时对象可能正在执行一系列动作,直到某个事件的到来才中断活动。活动是多个动作的集合,**活动执行时可以被中断**。

如果对象处于某个状态,需要花费一段时间来执行一系列动作,这时,可以在状态图标中的第二栏中描述这个活动,其格式为:"do/活动名"。

5. 理解简单状态图

如图 8-12 所示描述了一个烧水器的状态变化。

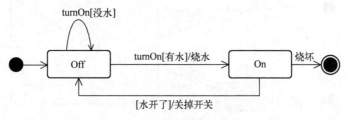

图 8-12 烧水器的状态图

图 8-12 所示,烧水器有 2 个状态(Off 状态、On 状态)、5 个迁移。

1) Off 状态。烧水壶处在 Off 状态时有 2 个迁移,其触发事件都是 turnOn,只不过其监护条件不同。当烧水壶收到 turnOn 事件后,将判断壶中是否有水,如果 [没水],则仍然处于 Off 状态;如果有水,则迁移到 On 状态,并执行"烧水"动作。

2) On 状态。烧水壶处在 On 状态时也有 2 个迁移。如果监护条件 [水开了] 为真,就执行动作:关掉开关;如果烧坏了,就进入终态。在这里,系统不断循环测试监护条件:[水开了],如果该监护条件为真,则系统触发改变事件,并执行动作:关掉开关。

8.1.4 分支的表示

分支由判决节点和迁移构成。判决节点用空心小菱形表示，图 8-13 就是一个判决节点。

如图 8-14 所示，处于状态 1 的对象收到某个事件后，测试监护条件，若条件满足，对象从状态 1 迁移到状态 2；若条件不满足，对象从状态 1 迁移到状态 3。

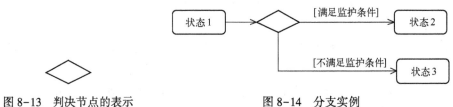

图 8-13　判决节点的表示　　　　　图 8-14　分支实例

产生分支的原因是：在同一事件的作用下，由于监护条件值的不同，对象会迁移到不同的目标状态。

8.2 迁移

迁移进入的状态称为**活动状态**，迁移离开的状态称为**非活动状态**。

迁移通常分为外部迁移、内部迁移、自动迁移（不需要监护条件，离开原状态后又回到原状态）和复合迁移 4 种。

1. 外部迁移

外部迁移指对象的状态发生了改变的迁移。如图 8-15 所示，描述了空调的状态迁移，空调有 3 种状态和 5 个外部迁移。3 个状态是：空调已启动、选择模式和空调已关闭。5 个外部迁移是：1 个打开、1 个选择模式、1 个故障和 2 个关闭。

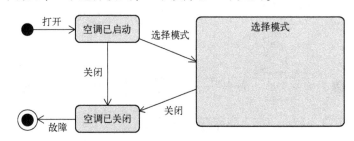

图 8-15　外部迁移实例

2. 内部迁移

内部迁移指在对象状态不变的情况下事件引起的动作或活动。内部迁移自始至终都不离开源状态，不会产生入口动作和出口动作。

如图 8-16 所示，处在登录口令状态（Enter Password）下，动作"设置密码""显示帮助"都不会改变当前的状态：

1）用户设置密码的动作不会引起状态改变，可以把该动作建模为内部迁移：set/reset password。

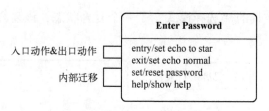

图 8-16 内部迁移

2）显示帮助的动作不会引起状态改变，可以把该动作建模为内部迁移：help/show help。

图 8-16 的第二栏中描述了入口动作、出口动作、内部迁移。但是，要注意的是，入口动作和出口动作描述的是外部迁移时发生的动作。内部迁移是指状态没有发生改变情况下事件触发了一系列动作。

3. 自动迁移

自动迁移是指在没有事件触发的情况下，当监护条件为真时执行一系列动作。自动迁移离开源状态后重新回到源状态，并执行入口动作和出口动作。

4. 复合迁移

复合迁移是由多个外部迁移组成的。复合迁移由判决节点和多个简单迁移组合而成，如图 8-17 所示。

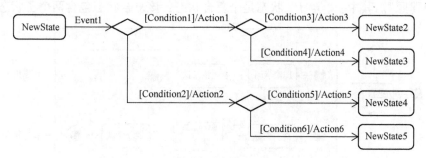

图 8-17 复合迁移

内部迁移状态没有改变，内部迁移用格式：event/action（argument）表示。外部迁移导致状态发生改变，外部迁移用一条实线箭头表示。

8.3 状态

状态机图中的状态分为简单状态和复合状态两种。简单状态不包含子状态，复合状态中包含了子状态。

8.3.1 复合状态

复合状态中子状态之间的关系有两种：一种是并发关系，另一种是互斥关系。并发关系的子状态称为并发子状态，互斥关系的子状态称为顺序子状态。

1. 顺序子状态

复合状态被激活时，如果只能有一个子状态处于活动状态（子状态之间互斥），则称子状态为**顺序子状态**。复合状态只能包含一个顺序子状态机。

如图 8-18 所示,空调的"选择模式"是一个复合状态,该复合状态中有三个子状态:"制冷""除湿""制热"。

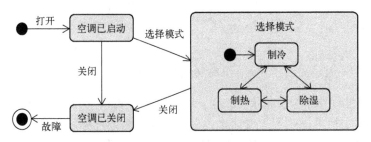

图 8-18 顺序子状态实例

当活动进入"选择模式"后,在任意时刻,只能有一个子状态处于激活状态,因此,"制冷""除湿""制热"是顺序子状态。

2. 并发子状态

复合状态被激活时,如果有多个子状态处于活动状态,则称子状态为**并发子状态**。复合状态可以包含多个并发的子状态机。

图 8-19 所示的状态机图描述了学习驾照的过程。该图包含三个状态:"已报名""学习""获得驾照"。其中,"学习"状态是个复合状态,该复合状态包含两个子状态机。

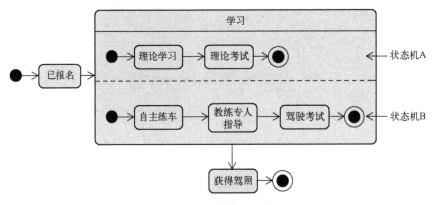

图 8-19 并发子状态实例

状态机 A 描述了理论学习过程,它由两个顺序子状态构成;状态机 B 描述了实践学习过程,它由三个顺序子状态构成。两个子状态机中的状态可以并发执行。

仅当复合状态"学习"中的两个子状态机都进入终结状态后,才能从"学习"状态迁移到"获得驾照"状态。

注意:状态机 A 中的任意一个状态与状态机 B 中的任意一个状态可以并发执行。

3. 复合状态表示

复合状态有两种表示格式:嵌套表示和图标表示。

(1)嵌套表示

将复合状态的子状态直接绘制在圆角矩形的第二栏中。

IC 卡的"读卡"状态是一个复合状态,它包含一个子状态机。如图 8-20 所示,子状态机嵌入在"读卡"状态的分栏中。

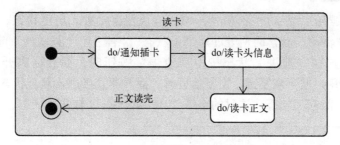

图 8-20 嵌套表示法

（2）图标表示

将代表子状态机的图标绘制在圆角矩形的第二栏中。如图 8-21 所示，图标"获取卡信息"代表图 8-22 的子状态机。在"读卡"状态的分栏中绘制该图标。

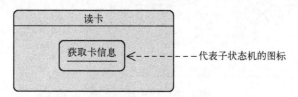

图 8-21 图标表示法

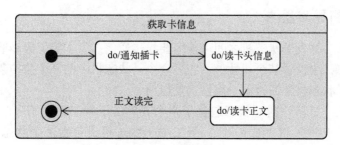

图 8-22 子状态机

复合状态区域内可能有一个初始状态和多个终结状态。**进入复合状态时，首先进入复合状态区内的初始状态；进入子状态机的终止状态时，就是离开复合状态，迁移到其他状态。**

8.3.2 历史状态

实际应用中会出现这种情况：当离开复合状态，迁移到其他状态执行一些活动后，重新回到原先的复合状态，这时，并不希望回到子状态机的初始状态，而是希望回到上次离开复合状态时处于激活的子状态。

上次离开复合状态时处于激活的子状态称为历史状态。用在字母"H"外绘制一个小圆圈表示历史状态。每当外部迁移进入历史状态时，对象的状态便恢复到上次离开复合状态时的状态，并执行进入历史状态时的入口动作。

下面考虑一个 MP3 播放器对象的状态图，如图 8-23 所示。

从图 8-23 中可以看出，MP3 播放器包含两个状态："暂停"和"活动"。"活动"是个复合状态，它包含 4 个子状态："停止""播放""前进"和"后退"。

当用户按下了"暂停"按钮时，"活动"状态被打断而进入"暂停"状态；当用户撤销暂停，恢复播放器的"活动"状态时，MP3 播放器直接进入历史状态。历史状态代表播放器上一次离开"活动"状态时所处的那个子状态（"停止""播放""前进"和"后退"之一）。例如当用户在"前进"状态按下"暂停"按钮时，播放器离开复合状态，进入"暂停"状态，当用户按下恢复键、恢复播放时，播放器直接进入复合状态（活动状态）中的历史状态，即"前进"状态。这时的字母"H"就代表"前进"状态。

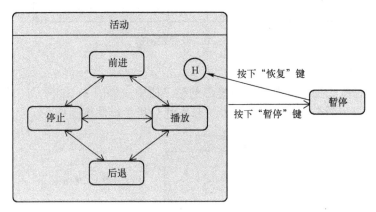

图 8-23　历史状态实例

8.3.3　子状态机异步通信

在很多情况下，并发子状态机之间可能需要异步通信。为了实现异步通信，采用的策略是：在一个子状态机中设置某个属性值，在另一个子状态机中的某个监护条件里使用该属性值。这样，两个子状态机就通过同一属性实现通信。

在图 8-24 中，"订单处理"状态包含了两个并发的子状态机：第一个子状态机包含两个状态，即"接受支付"和"已支付"；第二个子状态机也包含两个状态，即"配货"和"发货"。

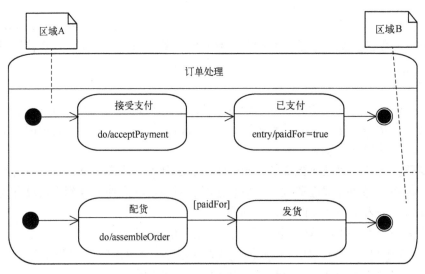

图 8-24　子状态机间的通信

现在来看第一个子状态机与第二个子状态机之间的通信方式：当订单进入"已支付"状态时，paidFor 的值才为 true，而第二个子状态机要想进入"发货"状态，其监护条件是 paidFor 为 true。

从图 8-24 中可以看出，只有 paidFor 为真，即只有完成了"已支付"行为，才能进入"发货"状态。通过 paidFor，实现了两个并发子状态机之间的异步通信。

注意：对复合状态而言，仅当所有并发的子状态机都结束后，迁移才能离开复合状态。

8.4 常用建模技术

状态机图的主要应用有两种：一是对单个对象的状态变化建模；二是对反映型对象的行为建模。

8.4.1 对对象生命周期建模

交互图对一组相互协作的对象的行为建模，而状态机用来对单个对象的行为建模，以展示单个对象在外部事件的作用下，对象从一种状态迁移到另一种状态所执行的活动。

对象生命周期建模主要涉及 3 个要素：

1）找出对象响应的事件。

2）找出事件发生后并且监护条件成立时，对象将产生的动作。

3）找出对象发生状态迁移的所有状态。

1. 建模策略

对对象生命周期建模就是要关注对象从开始创建，一直到对象被销毁的每一个状态的变化情况。对对象的生命周期建模必须遵守以下策略：

1）确定要描述的类目（类目的实例就是要描述的对象）。类目可能是类、用例的实例，也可能是系统。

2）如果类目是类（或者是用例），就找出在行为上相关的所有类，并确定类之间的关系（依赖、泛化、实现、扩展）。

3）如果类目是一个系统，就应该将系统看作一个对象，关注系统在整个生命周期内发生的主要行为。

4）确定对象的初始状态和终止状态，并清晰定义初始状态和终止状态的前置条件与后置条件。

5）确定对象能够响应哪些事件，将这些事件与对象里的方法（方法与事件含义是等价的）比较，以此增加或者删除某些事件。如果某个确定的事件在对象里没有相应的方法，则应给对象添加这个方法；如果在对象里已经有某个方法，而在列出的触发事件中没有与方法对应的事件，就应该增加相应的触发事件。

6）列出对象从初始状态到终止状态迁移的每一条路径上可能出现的状态。

7）在所有的状态已经标识出来以后，标出每个状态的入口动作、出口动作、内部活动。

8）检查状态图中出现的事件是否与对象中的操作匹配。状态图中出现的所有事件应该跟对象中出现的操作是一致的。在设计阶段，事件名都转换为对象中的操作名。

9）如果需要，绘制出复合状态的子状态图。

2. 建模实例

下面以工厂里的机器为例，说明对对象生命周期建模过程。机器有 2 种状态：opState 和 serviceState，下面说明其含义。

1）opState（操作状态）。后面再介绍机器的操作状态。

2）serviceState（服务状态）。机器的服务状态有 3 种，serviceState = 0，表示待修中；serviceState = 1，表示修理中；serviceState = 2，表示服务中（机器处于该状态后，操作状态才有效，即 opState 属性值才有效）。

现在的重点是对机器的生命周期建模，因此，主要关注机器生存的周期。因此，根据对对象生命周期建模的指导原则，只关注反映机器服务状态的属性（serviceState），忽略 opState 属性。下面描述机器生命周期建模过程。

（1）确定要建模的类目

要建模的类目是一台机器，机器可以看作是一个系统，也可以看作是一个对象。对系统的生命周期建模就是关注系统的主要状态变化。

（2）找出主要状态

机器创建以后，就从开始状态进入服务状态了；机器主要部件损坏以后，就进入终止状态。机器的其他状态有：服务中、待修中、维修中。

（3）找出状态之间的迁移

下面以表格的方式，描述状态之间的迁移，如表 8-1 所示。

表 8-1　机器服务状态迁移表

原状态＼目标状态	服 务 中	待 修 中	修 理 中
服务中		［有故障］/serviceState = 0	
待修中			after（1day）/serviceState = 1
修理中	returnToSer/ serviceState = 2		

下面对状态之间的迁移做出说明：

● 机器进入工厂后，机器就从"初始状态"迁移到状态"服务中"。

● 机器原状态是"服务中"时，当有故障发生时，就执行入口动作：serviceState = 0，并且，机器状态从"服务中"迁移到目标状态"待修中"。

● 机器原状态是"待修中"时，等待 1 天后，就触发时间事件，执行入口动作：serviceState = 1，并且，机器状态从"待修中"迁移到目标状态"修理中"。

● 机器原状态是"修理中"时，当消息事件（returnToSer，表示机器已经修理好）发生后，表示机器已修理好，就执行入口动作：serviceState = 2，并且，机器状态从"待修中"迁移到目标状态"服务中"。

根据上面的分析，绘制出机器的生命周期见图 8-25。

（4）对状态进行细化

在图 8-25 的基础上找出每个状态的外部迁移（响应事件、监护条件、外部迁移产生的动作序列）、入口动作、出口动作，得到图 8-26 所示的状态机。

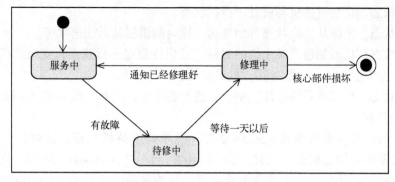

图 8-25　机器生命周期

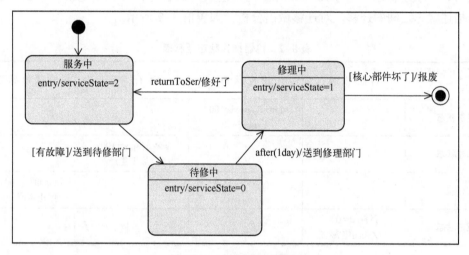

图 8-26　细化后的状态机

8.4.2　对反映型对象建模

反映型对象指对事件做出实时反映的对象、系统。如工业生产方面的实时控制系统、生产系统中的机器都是反映型对象。

当对反映型对象的行为建模时，主要描述对象可能处于的各种状态、状态迁移，强调迁移时触发事件、监护条件，以及条件满足时发生的活动。

以上面的例子来说明反映型对象的建模过程。描述工厂里机器的状态有两个属性：opState 和 serviceState。机器的操作状态描述了机器在运行过程中的实时状态。因此当需要对机器运行时建模时，只关心操作状态的属性（opState），而忽略服务状态的属性（serviceState）。

机器操作状态（opState）有 4 种，我们规定：opState = 0，表示待机状态；opState = 1，表示加速状态；opState = 2，表示运行状态；opState = −1，表示减速状态。

在机器的操作状态发生迁移时，为了展示机器可能响应的事件、监护条件、迁移动作，就必须对机器操作运行过程中一系列的状态建模。建模步骤主要包括：寻找主要状态，确定迁移时的响应事件、监护条件、迁移发生时活动。

（1）寻找状态

机器操作时的 4 种状态：待机状态、加速状态、运行状态、减速状态。

1）待机状态。厂房里的机器就处于待机状态。

2）加速状态。机器从待机状态开始加速，这时的机器就是加速状态。

3）运行状态。机器加速到某个值的时候，就保持稳定运行速度，这时，机器就可以正常运行，进行加工生产了。这个时候，机器就处于运行状态。

4）减速状态。机器准备停止加工生产，就开始减速，这时，机器就进入减速状态。

（2）确定迁移

在厂房里的机器，运行速度 speed = 0 时，机器处于待机状态，这时，启动加速开关（turn on），机器进入加速状态，这时，speed<100。当 100<= speed<150 时，机器进入运行状态，正常生产可以开始了。当准备停止生产，开始启动减速开关（turnOff），当 speed>0 时，机器处于减速状态；当 speed = 0 时，机器进入待机状态，并关闭电源。下面以表格的方式，描述状态之间的迁移。对迁移做出分析，如表格 8-2 所示。

表 8-2　机器操作状态迁移表

目标状态 原状态	待 机 状 态	加 速 状 态	运 行 状 态	减 速 状 态
待机状态		turnOn[speed<100] /speed++		
加速状态			speed(sp>=100) /加工生产	
运行状态				turnOff[speed<100] /停止生产;speed--
减速状态	[speed=0] /关闭电源			

根据表 8-2，绘制出机器的操作状态迁移图 8-27。

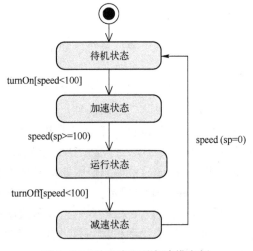

图 8-27　对反映型对象建模实例

（3）细化状态图

下面对每一个迁移的入口、出口动作、触发事件进行分析：

1）当迁移从待机状态进入加速状态时，触发事件是：turnOn（启动加速开关），监护条件是：[speed<100]，进入加速状态的入口动作是：speed++，出口动作是：启动加速开关。

2）当迁移从加速状态进入运行状态时，改变事件是：speed(sp>=100)，这时，机器开始加工生产，入口动作是：关闭加速开关，出口动作是：启动减速开关。

3）当迁移从运行状态进入减速状态时，触发事件是：turnOff（启动减速开关），入口动作是：speed--，出口动作是：关闭电源。

4）当迁移从减速状态进入待机状态时，改变事件是：speed(sp=0)，入口动作是：关闭电源。

根据上面的分析，对图 8-27 进行细化，得到细化了的状态图，如图 8-28 所示。

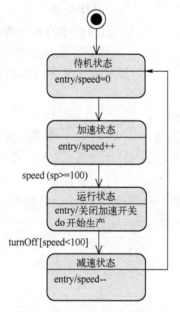

图 8-28　对反映型对象建模

8.5　小结

本章首先介绍了状态机图、状态、迁移、事件、消息的概念和表示法；其次，通过例子逐一介绍顺序子状态、并发子状态的概念；第三，介绍复合状态机图、历史状态机图、子状态机之间的通信方法；最后，通过实例演示对对象的生命周期建模、对反映型对象建模方法。

8.6　习题

一、简答题

1. 简要说明对象的状态和对象的属性之间的关系。

2. 状态机图的主要元素有哪些？

3. 通过例子解释顺序子状态、互斥子状态、历史状态的含义。

4. 通过例子说明 do/activity 和 event/action(argument)的含义。

5. 外部迁移的三要素是什么？

6. 通过例子说明内部调用事件和外部调用事件的含义。

二、填空题

1. 一个状态图包含的元素：初始状态、终止状态、（　　　　　）、迁移和判决点。

2. 在一个状态图中只能有一个（　　　　）状态、（　　　）终止状态。

3. 系统循环测试条件表达式，当条件表达式的值由（　　　　）变为 true 时，系统就触发某个动作并将条件表达式的值再次设置为（　　　　　），然后继续测试条件表达式的值，如此循环。

4. 时间事件用关键字（　　　　）和 after 表示。

5. 动作在执行时不能被（　　　　　），动作分为（　　　　）动作和（　　　）动作，入口动作的表示格式：（　　　　　），出口动作的表示格式：（　　　　　）。

6. 内部迁移是指对象状态（　　　）的前提下执行的动作。

7. 自动迁移发生时对象（　　　　）原状态后又回到原状态。自动迁移会执行（　　　）动作和（　　　　）动作。

8. 子状态之间的关系有两种：（　　　　）和（　　　　）关系。

9. 如果复合状态中的子状态是（　　　　　）关系，那么复合状态只包含一个状态机。

10. 如果复合状态中的子状态是（　　　　）关系，那么复合状态可以包含多个子状态机。

11. 历史状态：上次离开复合状态时处于（　　　　）的子状态被称为历史状态。用在字母"H"外绘制一个小圆圈表示历史状态。

第9章
构件图

构件图是由多个构件关联在一起的图。在基于构件的软件开发过程中，常用构件图对系统的体系结构建模。

本章要点

构件、构件图、制品。

常用建模技术。

学习目标

掌握构件图的阅读方法和绘制方法。

9.1 什么是构件

构件是定义了良好接口的软件部件。构件可能是一个系统、一个子系统、一个实例（如 EJB）、一个逻辑部件等。

基于构件的软件开发方法是，把一个大的系统分解为多个子系统，子系统继续分解为更小的子系统，最终，所有的子系统都要分解为构件。

多数构件包含了供给、需求接口。构件实现了的服务称为**供给接口**，构件需要的服务称为**需求接口**。一个构件可以被另一个实现了相同接口的构件替换。构件必须遵守以下五个规范：

- 构件遵守接口的定义标准。
- 构件必须实现供给接口的功能。
- 构件遵守封装标准。
- 构件遵守创建标准。
- 构件遵守部署标准。构件可以有多种部署方法，但是，必须按照部署标准部署构件。

图 9-1 用构造型<<component>>表示翻译机（构件）。翻译机的需求接口是 Change，供给接口是 Translation。

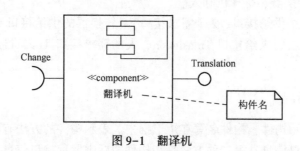

图 9-1　翻译机

1. 构件分类

构件分为三种类型：配置构件、工作产品构件和执行构件。

1）配置构件：组成系统的基础构件，是执行其他构件的基础平台，如操作系统、Java 虚拟机（JVM）、数据库管理系统都属于配置构件。

2）工作产品构件：这类构件主要是开发过程的中间产物，如创建构件时的源代码文件及数据文件都属于工作产品构件。这些构件并不直接地参与系统运行。

3）执行构件：在运行时创建的构件。例如由 DLL 实例化形成的 COM+对象、Servlets、XML 文档都属于执行构件。

2. 构件与类的区别

从定义上看，构件和类十分相似，如都有名称，都可以实现一组接口，都可以参与依赖、泛化和关联关系，都可以嵌套，都可以有实例，都可以参与交互。但构件与类也存在明显的区别：

1）类是对实体的抽象，而构件是对存在于计算机中的物理部件的抽象，也就是说，可以部署构件，但不能部署类。

2）构件与类属于不同的抽象级别，构件就是由一组类通过协作完成的。

9.2 构件图的组成元素

构件图中的元素有：构件、接口、依赖。

9.2.1 一个简单的构件图

假设网络系统中有 3 个构件：转换器、翻译机和人，用 UML 模型表示 3 个构件之间的关系，如图 9-2 所示。

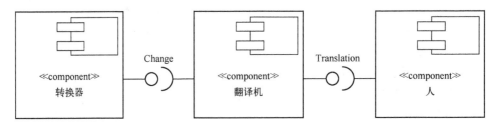

图 9-2　一个简单的构件图

图 9-2 包括 3 个构件和 4 个接口：

1）3 个构件：转换器、翻译机和人。

2）4 个接口（2 个供给接口、2 个需求接口）。转换器的供给接口 Change、翻译机的需求接口 Change、翻译机的供给接口 Translation、人的需求接口 Translation。同名的供、需接口才能够相互连接。

9.2.2 构件的表示

用一个矩形框表示构件，构件名写在矩形框中。表示构件的方法有两种：第一种方法是在构件图标中隐含接口信息；第二种方法是在构件图标中展示接口信息。

1. 隐含接口的构件

隐含接口的构件有3种表示格式:

1)构造型。用构造型<<component>>修饰构件名称,如图9-3a所示。

2)小图标。在矩形框的右上角放置一个构件图标,并在矩形框里写上构件名,如图9-3b所示。

3)构件图标。直接在构件图标中写上构件名称,如图9-3c所示。

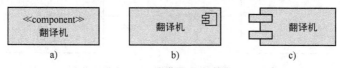

图9-3 隐藏接口的构件

2. 展示接口的构件

展示接口的构件也有3种表示格式:

1)分栏表示。将矩形框分成2栏,在第一栏上写构件名称,在第二栏中,用构造型<<provided>>和<<required>>分别表示供给接口名 Translation 和需求接口名 D/A。这种表示将构件的接口和内容都展示出来了,所以,也称为构件的白盒表示法。如图9-4a所示。

2)图标表示。将接口的图标连接到构件的边框上。如图9-4b所示。

3)构造型<<interface>>表示。构件实现供给接口,用实现关系表示;构件依赖需求接口,用依赖关系表示。这种方法将构件与接口分开表示。如图9-4c所示。

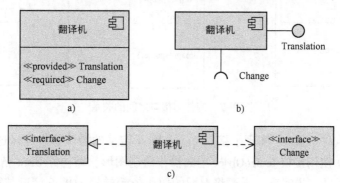

图9-4 展示接口的构件

9.3 构件间的关系

构件图中的关系有:构件与构件之间的关系、构件与接口之间的关系、接口与接口之间的关系。下面介绍前两种。

(1)构件与构件之间的关系

构件之间的关系就是依赖关系。称提供服务的构件为提供者,称使用服务的构件为客户。

构件图中依赖的表示方法与类图中的依赖相同,虚线箭头由客户指向提供者。如图9-5所示,构件 B 是客户,构件 A 是提供者,即构件 B 使用构件 A 提供的服务。因此,构件 B 依赖于构件 A。

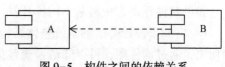

图9-5 构件之间的依赖关系

在分析阶段，只需确定构件之间的依赖关系即可（用依赖符号表示构件之间的关系）。在设计阶段，必须把构件之间的依赖关系解耦为供给接口与需求接口之间的关系。如对图 9-5 的依赖解耦后得到图 9-6。

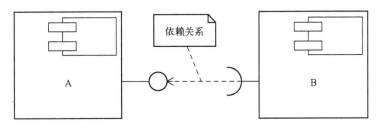

图 9-6　依赖关系解耦为接口之间的关系

在设计阶段，将分析阶段的依赖关系解耦为接口之间的关系，即对构件的供、需接口作详细的说明。

（2）构件与接口之间的关系

构件与接口之间的关系有实现关系和使用关系两种，如图 9-7 表明了构件与接口之间的两种关系。

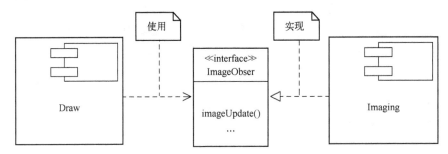

图 9-7　构件与接口之间的关系

图 9-7 中，构件 Imaging 实现了接口 ImageObser 定义的操作的集合（这些操作用于绘制图形）。构件 Draw 使用接口 ImageObser 中的操作绘制图形，即构件 Draw 依赖于构件 Imaging 的供给接口。为了进一步解耦，需要将上面的使用依赖转换为供给接口与需求接口的关系。即定义出每个构件接口的详细说明。

9.4　构件图的作用与类型

构件图主要用于描述软件中各个构件之间的依赖关系，例如可执行文件间的依赖、源文件间的依赖。构件图分为简单构件图和嵌套构件图两种。

9.4.1　构件图的作用

如果软件开发方法是基于构件开发，构件图主要有以下用途：

1）有助于设计师了解系统整体结构。构件图从软件架构的角度描述了系统的主要组成和功能，通过构件图，可以知道系统包括哪些子系统、每个子系统包括哪些构件、构件间的关系等。

2）便于程序员对构件打包并交付给最终客户。

3）便于项目经理分配工作任务、了解工作进度。

4）便于项目经理制订开发计划、控制资金预算。有了构件图，便知道哪些构件需要购买，哪些构件可以复用，哪些构件需要自己开发。

5）开发人员根据构件图中的接口说明对构件进行组装、测试构件和系统集成。

9.4.2　简单构件图

用户可以把相互协作的类组织成一个构件。利用构件图可以让软件开发者知道系统由哪些可执行的构件组成，开发者以构件为单元观察系统时，可以清楚地看到软件系统的体系结构。例如，图 9-8 所示就是一个"订单管理系统"的简单构件图。

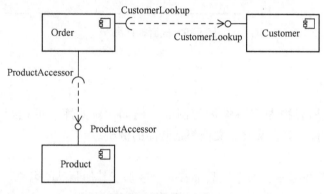

图 9-8　简单构件图

图 9-8 包含 3 个构件：Order（订单构件）、Customer（客户信息构件）、Product（产品库存构件），下面分别说明每个构件的作用。

1）Order 构件运行时，需要用到构件 Customer 和 Product。因此，有两个需求接口，分别是 CustomerLookup 和 ProductAccessor。

2）Customer 构件提供一个供给接口 CustomerLookup，通过这个接口与 Order 构件的需求接口连接实现通信，并为 Order 构件提供客户信息。

3）Product 构件提供了一个供给接口 ProductAccessor，通过这个接口与 Order 构件的需求接口连接实现通信，并为 Order 构件提供产品库存信息。

9.4.3　嵌套构件图

有时需要使用嵌套的构件图展示构件的内部结构，现将图 9-8 中的 3 个构件封装成一个更大的构件 store，如图 9-9 所示。

这张图描述了构件 Store 对外表现的供给接口 OrderEntry、需求接口 Account。其他构件使用 Store 的供给接口 OrderEntry，以便获取订单信息；Store 构件通过需求接口 Account，从财务构件（本图未画出财务构件）获得财务信息。

构件 store 中包含 3 个构件：Order（订单构件）、Customer（客户信息构件）、Product（产品库存构件）。

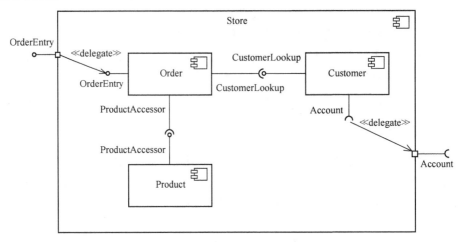

图 9-9　嵌套构件图

9.5　制品

在 UML 中，把所有物理型事物称为制品。例如，对象库、可执行程序、COM 构件、.NET 构件、EJB 构件、表、文件、文档都是制品的例子。

1. 制品的表示

制品用一个矩形框表示，每个制品都有一个区别于其他制品的名称。表示制品名的格式有两种：简单名和全名。如图 9-10 所示，用简单名表示制品：home. java。如图 9-11 所示，用全名表示制品，这里的包名是 Lang，全名是制品名称前加了包名，中间用 "::" 作分隔符。制品的附件信息可以附加到矩形框中。

制品的标准构造型是<<artifact>>。一般用构造型<<artifact>>修饰制品名。

图 9-12 展示了制品 dog. dll 的细节，即 dog. dll 制品由 kill. dll 和 bill. dll 组成。制品的细节写在第二个分栏中。

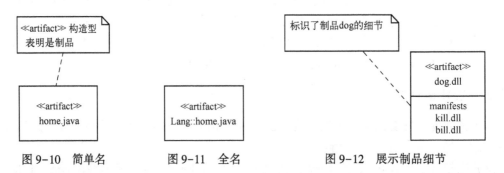

图 9-10　简单名　　　　图 9-11　全名　　　　图 9-12　展示制品细节

2. 其他构造型

为了详细描述制品的特征，UML 还为制品提供了 8 种构造型：

1）<<executable>>：可以在节点上执行的制品。

2）<<library>>：动态或静态库程序，其文件名后缀是 . dll。

3）<<file>>：物理文件，也可能是可以执行的代码文件。

4）<<document>>：说明性的文件。

5）<<script>>：可以被解释器执行的脚本文件。

6）<<score>>：指源文件制品，可以编译为可以执行的文件。

7）<<deployment spec>>：对部署的产品进行详细说明。

8）<<database>>：用来表示一个数据库，如 Oracle、SQL Server 2005 等。

3. 制品的种类

制品分为部署制品、中间制品和执行制品。

1）部署制品。是构成一个可执行系统的制品。例如动态链接库和可执行程序就属于这类制品。

2）中间制品。这类制品是开发过程的中间产物。中间制品是用来创建部署制品的事物。这些制品并不直接地参与系统运行。

3）执行制品。是系统运行时创建的制品。例如由 DLL 实例化形成的 COM+对象、Servlets、XML 文档都属于这类制品。

4. 制品与类的区别

制品与类的区别主要有下面三点：

1）类是对一组对象的描述，是一种逻辑抽象，类不能在节点上运行，而制品是一种物理存在的事物，可以在节点上运行。

2）制品是对计算机上比特流的封装。

3）类具有属性和方法，制品可由类的实例组成。但是，制品本身没有属性和方法。

如图 9-13 所示，制品 dog. dll 由 head 类的实例、leg 类的实例和 body 类的实例通过动态链接构成。因此，dog. dll 依赖于 head、leg、body。

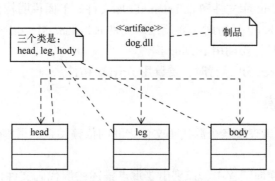

图 9-13　制品与类的区别

9.6　常用建模技术

构件图描述了软件的组成和具体结构，以帮助开发人员从总体上认识系统。用户通常采用构件图来描述可执行程序的结构、源代码的依赖关系、物理数据库的组成和结构。

9.6.1　对可执行程序建模

构件图清晰地表示出各个可执行文件、链接库、数据库、帮助文件和资源文件之间的关系。对可执行程序的结构建模应遵从以下原则：

1）首先标识要建模的构件。

2）标识每个构件的类型、接口和作用。

3）标识构件间的关系。

例如，图 9-14 是对一个自主机器人可执行程序的一部分进行建模。

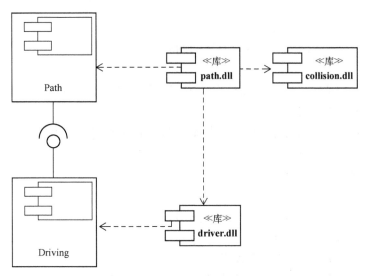

图 9-14　代表可执行程序的构件

如图 9-14 所示，其中有两个构件：Path 构件、Driving 构件，有三个动态链接库文件：path. dll 库文件、driver. dll 库文件和 collision. dll 库文件。下面说明构件的执行依赖：

1）动态链接库 path. dll 运行时，要调用库文件 collision. dll、driver. dll 和 Path 构件。

2）Path 构件运行时，要调用 Driving 构件。

3）动态链接库 driver. dll 运行时，要调用 Driving 构件。

9.6.2　对源代码建模

构件图能帮助开发者理解各个源代码文件之间的依赖关系。用构件图对源程序建模应遵从以下原则：

1）在正向工程或逆向工程中，识别出要重点描述的源代码文件，并把每个源代码文件看作构件。

2）如果系统较大、包含的构件很多，就利用包来对构件进行分组。

3）找出源代码之间的编译依赖，并用工具管理这些依赖。

4）给现有系统确定一个版本号，在构件图中，采用约束来表示源代码的版本号、作者和最后的修改日期等信息。

例如，某公司用 C 语言开发的家电管理子系统由 6 个文件组成，其中，2 个头文件是：hose. h 和 driver. h；4 个源文件是：qq. cpp、given. cpp、device. cpp、home. cpp。如图 9-15 所示。其中，有 3 个文件是独立的，它们不依赖于任何文件，这 3 个文件分别是：hose. h、driver. h 和 device. cpp。其他 3 个文件的编译依赖关系如下：

1) given. cpp 文件编译依赖于 hose. h、device. cpp、driver. h，因此，当 hose. h、device. cpp、driver. h 文件之一发生改变时，必须重新编译 given. cpp。

2) qq. cpp 文件编译依赖于 given. cpp，而 given. cpp 依赖于 hose. h、device. cpp、driver. h，因此，当 hose. h、device. cpp、driver. h 和 given. cpp 文件之一发生改变时，必须重新编译 qq. cpp 文件。

3) home. cpp 文件编译依赖于 hose. h，当头文件 hose. h 发生改变时，必须重新编译 home. cpp 文件。

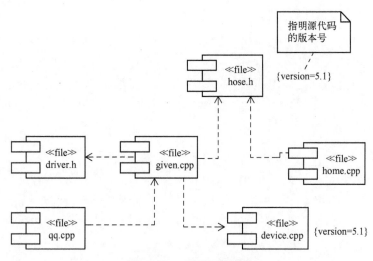

图 9-15　对源代码建模

通过逆向工程，可以从开发环境的管理工具所保存的信息中产生上面的图。

9.7　小结

本章首先介绍了构件必须遵守的 5 个标准、隐含接口和展示接口的构件表示方法；然后介绍构件图中的 3 种关系：构件之间的关系、构件与接口之间的关系、接口之间的关系；第三，用例子说明构件的 2 种建模技术：对可执行程序建模和对源代码建模。

9.8　习题

一、简答题

1. 构件的 5 个标准是什么?

2. 举例说明接口、端口和构件的含义。

3. 构件有哪几种构造型?

4. 举例说明隐含接口的构件和展示接口的构件的表示法。

二、填空题

1. 构件图中的关系有：构件之间的关系、（　　　）之间的关系、构件和接口间的关系。

2. 提供服务的构件称为（　　　　），使用服务的构件称为（　　　　）。

3. 在设计阶段必须把构件之间的依赖关系解耦为接口和（　　　）之间的关系。

4. 嵌套构件图展示构件的（　　　）结构。

5. 对象库、可执行程序、表、文件、文档都是（　　　　）的例子。

6. 制品名称有两种表示方法：（　　　）和全名。全名是指制品名前加上了（　　　　）。

7. 类是对一组对象共同特征的抽象和描述，而制品是计算机上比特流的（　　　）。

第 10 章
用例图

用例图描述了外部参与者所能观察到的系统功能。用例图主要用于对系统、子系统的功能建模。

本章要点

参与者、用例及其关系。

用例规格描述。

用例与协作的关系。

常用建模技术。

学习目标

掌握寻找参与者、用例的方法。

掌握组织用例的方法。

掌握绘制用例图的步骤。

10.1 什么是用例图

用例图描述了用例之间、用例与参与者之间的关系。图 10-1 是描述 ATM 系统的用例图。

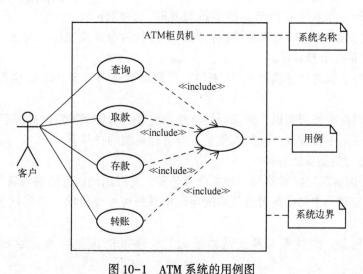

图 10-1 ATM 系统的用例图

图中的元素包括客户、用例（查询、存款、取款、转账）、一个方框（系统边界）、客户与四个用例之间的四条实线（代表客户与用例之间的通信）、用例之间的四条虚线（代表用例之间的关系）。

在绘制用例图时，所有的用例应该绘制在方框之内。所有的参与者应该绘制在方框之外。

图 10-1 中的元素分为三大类：

1）参与者。系统外部的某个实体，如客户。

2）用例。反映系统功能的元素，如查询、存款、取款、转账。

3）关系。包括用例之间的关系（用例之间的虚线）、参与者之间的关系、参与者与用例之间的关系（客户与四个用例之间的实线）。

10.2 参与者和用例

参与者代表系统外部的实体，一个系统由多个用例组成，用例描述了系统提供的服务。一般来说，参与者请求系统执行用例，以图实现参与者的目标。

10.2.1 参与者

参与者是一种类型或角色，而不是一个具体的人、设备或外部系统。同一个人可以扮演不同的角色，因此，同一个人可以充当不同的参与者。

1. 参与者的表示

参与者有两种表示法：一种是用构造型<<Actor>>表示，另一种是人形图标表示，如图 10-2 所示。

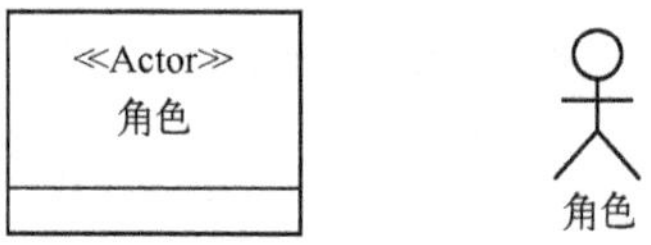

2. 参与者分类

参与者有两种分类标准。

（1）按参与者的性质分类

1）外部系统。当系统需要与其他系统交互时，必然连

图 10-2 参与者的两种表示
a) 构造型表示 b) 人形图标表示

接一个外部系统，如 ATM 柜员机系统执行时需要银行后台系统支持，对 ATM 柜员机来说，银行后台系统就是一个参与者。

2）硬件设备。如对计算机的 CPU 来说，寄存器就是参与者，CPU 执行时需要寄存器的支持。

3）时钟。对定时炸弹来说，外部时钟就是参与者，时钟触发定时炸弹启动。

4）人。如使用工资管理系统的人就是工资管理系统的参与者。

（2）按参与者的重要性分类

通过执行用例实现目标的参与者是主要参与者，支持用例执行的参与者是次要参与者。

1）主要参与者。主要参与者是从系统运行中获得可度量价值。通常把主要参与者绘制在系统边界的左边。

2）次要参与者。次要参与者支持系统运行。通常把次要参与者绘制在系统边界的右边。

3. 参与者命名

参与者不是具体的人或事物，必须用类型或角色给参与者命名。

10.2.2 用例

用例是对一组相似场景的共同行为的抽象（抽取共同的操作），场景是用例的一次完整的执行路径（路径由一系列操作构成）。用例与场景的关系如同类与对象的关系，用例是对共同操作的描述，而不是具体的操作过程。

1. 场景

系统执行的一系列有序操作的集合称为**场景**。下面列举两个取款场景的例子。

（1）李杰取款场景

李杰在柜员机（ATM 系统）上取款 200 元的场景如表 10-1 所示。

表 10-1 李杰取款 200 元的场景

场景名称	李杰取款 200 元
参与者	李杰
事件流	

1. 李杰将银行卡插入柜员机
2. 柜员机请求输入密码
3. 李杰输入卡密码，并按确认键
4. 柜员机提示客户：选择服务类型
5. 李杰选择取款服务
6. 柜员机提示客户：选择取款数额
7. 李杰输入：200，并按确认键
8. 柜员机输出 200 元人民币
9. 李杰取回 200 元人民币
10. 柜员机提示客户：继续、退卡
11. 李杰选择服务：退卡

（2）赵龙取款场景

赵龙在柜员机（ATM 系统）上取款 800 元的场景如表 10-2 所示。

表 10-2 赵龙取款 800 元的场景

场景名称	赵龙取款 800 元
参与者	赵龙
事件流	

1. 赵龙将银行卡插入柜员机
2. 柜员机请求输入密码
3. 赵龙输入卡密码，并按确认键
4. 柜员机提示客户：选择服务类型
5. 赵龙选择取款服务
6. 柜员机提示客户：选择取款数额
7. 赵龙输入：800，并按确认键
8. 柜员机输出 800 元人民币
9. 赵龙取回 800 元人民币
10. 柜员机提示客户：继续、退卡
11. 赵龙选择服务：退卡

从表 10-1、表 10-2 可知，任何参与者在柜员机上取款的步骤是一样的，只是登录密码和取款的具体数目不同。从所有取款场景中抽取共同的操作，就可以得到一个"取款"用例，这个用例能够描述所有取款的共同操作，如表 10-3 所示。

表 10-3　取款用例

用例名称	取款
参与者	客户
事件流	

1. 将银行卡插入柜员机
2. 柜员机请求输入密码
3. 客户输入卡密码，并按确认键
4. 柜员机提示客户：选择服务类型
5. 客户选择取款服务类型
6. 柜员机提示客户选择取款数额
7. 客户输入取款金额，并按确认键
8. 柜员机输出人民币
9. 客户取回人民币
10. 柜员机提示客户：继续、退卡
11. 客户选择退卡

其中，事件流：用例执行时一系列有序操作的集合。

2. 用例的表示

用例用椭圆表示，用例名表达了参与者的目标。参与者与用例之间的直线代表通信关系。一个用例可以与多个参与者链接。例如，客户在与 ATM 系统的交互过程中，客户的目标之一是向账户中存款。如图 10-3 所示给出了客户与存款用例之间的关系。

图 10-3　客户与存款用例

用例名称有两种表示格式：简单名和全名。假设存款用例名是：UC001，该用例属于 ATM 包，则，用例名的两种格式如下：

1) 简单名。在椭圆内列出用例名，没有列出用例所属的 ATM 包，如图 10-4 所示。

2) 全名。在椭圆内列出用例所属的包名和用例名，包和用例名之间用 "::" 分隔，如图 10-5 所示。

图 10-4　简单名　　　　　　图 10-5　全名

10.3　参与者之间的关系

10.3.1　识别参与者

获取需求的第一步是寻找参与者，这一步确定系统的边界，通过回答下面问题来寻找参与者：

1) 哪些用户组的工作需要系统提供支持？

2) 哪些用户执行系统的主要功能？

3) 哪些用户执行系统的次要功能？

4）哪些外部硬件和软件系统与系统交互？

5）谁维护和管理系统？

6）谁安装、启动、关闭系统？

也可以通过以下一些常见的问题来帮助分析：谁从这个系统获取信息？谁为这个系统提供信息？是否有某些事件在预定的时间自动发生（说明有定时器）？系统是否需要与外部实体交互？

10.3.2 参与者间的泛化关系

参与者是一种类型，可以形成泛化关系。参与者泛化可以简化模型。例如，图书管理系统的参与者有读者、学生和教师，学生和教师是读者的子类。用 UML 图表示他们之间的关系，如图 10-6 所示。

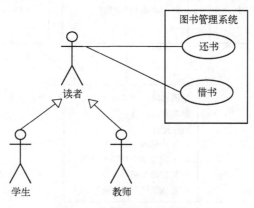

图 10-6　参与者是泛化关系

图 10-6 表明，读者可以借书和还书，因此，其子类（学生和教师）也可以借书和还书。即子类继承了父类所关联的用例。

10.4　用例之间的关系

用例之间有三种关系：包含关系、扩展关系和泛化关系。

10.4.1　包含关系

找出所有的用例以后，会出现这样的现象：一些用例包含了相同的操作，一些用例比其他用例多出了一些额外的操作。如图 10-7 所示，"取款""存款""查询余额"三个用例都包含了登录操作。

为了有效地组织用例，可以从上面三个用例中抽取共同的操作（事件流中 1~4 步操作相同）并封装为一个新用例，给新用例取名为"登录账户"。然后，分别在三个用例中调用这个"登录账户"用例，如图 10-8 所示。

被调用的用例称为**包含用例**，调用包含用例的用例称为**基本用例**。基本用例在其内部的某个位置上无条件地调用包含用例。

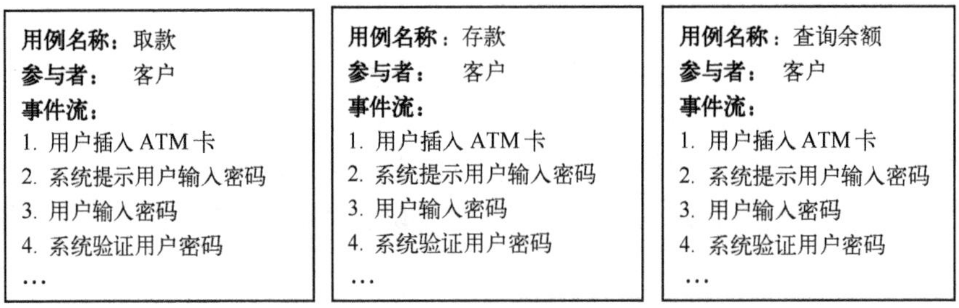

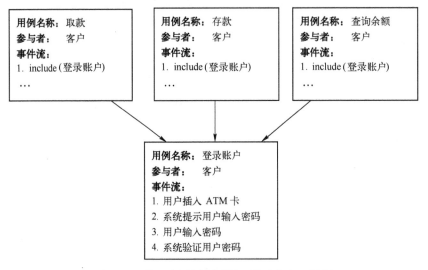

图 10-7　取款、存款和查询余额用例

图 10-8　从三个用例中调用"登录账户"用例

用例间的包含关系用构造型<<include>>表示，并且带虚线的开放箭头从基本用例指向包含用例。

例如，在 ATM 系统中，多个用例都调用了包含用例"登录账户"，比如"取款""存款"和"查询余额"等用例都调用了包含用例"登录账户"，如图 10-9 所示。

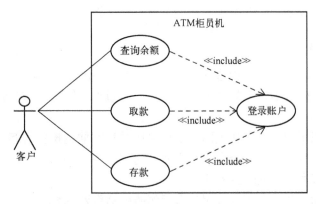

图 10-9　ATM 系统的初始用例模型

图 10-9 中的基本用例有：查询余额、取款、存款。包含用例是：登录账户。基本用例执行时，无条件调用包含用例。

10.4.2 扩展关系

假设有两个用例 A 和 B，B 用例包含 A 用例，B 用例减去 A 用例后的剩余部分在满足某个条件时才会执行，则把 A 定义为基本用例，把 B 减去 A 后的剩余操作定义为扩展用例。

基本用例独立于扩展用例而存在，只是在满足某个条件后才调用扩展用例。用例间的扩展关系用构造型<<extend>>表示，并且带虚线的开放箭头从扩展用例指向基本用例。

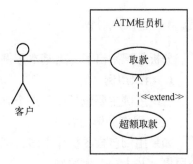

例如，ATM 系统中，当客户取款时，若取款金额大于正常数额（设定一次取款大于 1 万元属于超额取款），这时，ATM 系统就会调用"超额取款"用例。如图 10-10 所示。

图 10-10 中的基本用例是"取款"，扩展用例是"超额取款"。基本用例执行时不一定调用扩展用例，只有当某个条件成立时才会调用扩展用例。取款用例的参与者是客户，超额取款用例没有参与者。

注意：扩展用例和包含用例统称为抽象用例。在编写用例规格说明时，基本用例才有参与者，抽象用例没有参与者。

图 10-10 扩展关系

10.4.3 泛化关系

用例的泛化就是从多个子用例中抽取共同的操作，封装成一个父用例，如此，父用例的行为被子用例继承或覆盖。

用例之间的泛化的图形符号与类之间的泛化图形符号一样，采用的是带实线的封闭箭头，如图 10-11 所示。

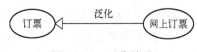

图 10-11 泛化关系

在泛化关系中，子用例可以继承父用例中的行为、关系和通信链接。换句话说，子用例可以代替父用例。

例如，旅游订票系统的参与者有用户、普通游客和 VIP 游客。普通游客和 VIP 游客是用户的子类。订票用例有两个子用例，分别是"网上订票"用例和"电话订票"用例。如图 10-12 所示。

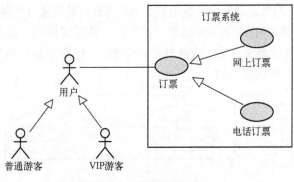

图 10-12 用例泛化关系

137

10.5 参与者与用例之间的关系

参与者与用例之间是一种双向通信关系，用一条实线表示，如图 10-13 所示。

图 10-13 参与者与用例之间是通信关系

10.6 组织用例

分析师识别出了一组基本用例后，需求的下一步工作是分析用例、组织用例。

1. 组织用例

组织用例主要包括以下三个方面的工作。

（1）用例分解与合并

如果用例包含的操作太多，可以把用例分解为多个小用例；如果用例太小，可以把多个小用例合并为一个大用例。

（2）抽取包含用例

如果一组用例中有相同的操作，就把相同的操作抽取出来封装为包含用例。

（3）识别扩展用例

一个用例分解为两个用例后，其中一个用例有条件地调用另外一个用例，则被调用的用例是扩展用例。

2. 用例实例化

用例实例化就是执行用例的过程。

1）基本用例直接由参与者实例化。

2）抽象用例（包含用例、扩展用例和子用例）由基本用例实例化（父用例属于基本用例）。

执行基本用例后能实现用户的目标，抽象用例辅助用户实现其目标。例如，在图 10-9 中，"登录账户"是一个包含用例，用户的最终目标并不是为了登录到系统。用户登录到 ATM 系统的最终目标是："取款""查询余额"和"存款"等，这些基本用例才能实现用户的最终目标。基本用例类似于主程序，抽象用例类似于子程序。

基本用例实例化得到**普通场景**，扩展用例实例化得到**可选场景**（用例执行时存在分支）。

图 10-14 是 ATM 系统的局部用例模型。"取款"是基本用例，是用户成功登录系统后的普通场景，它指定交易类型并输入取款的有效金额。"超额取款"属于扩展用例，该用例是为基本用例"取款"提供服务的。

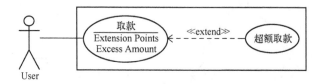

图 10-14 基本用例中的扩展点

如图 10-15 所示，将 ATM 系统分解为基本用例（取款、存款和转账）和抽象用例（登录账户、超额取款）。客户实例化三个基本用例，基本用例实例化两个抽象用例。

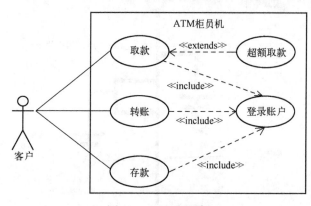

图 10-15 组织用例

注意：

1）通常只有在已经定义了所有用例之后，才能识别和提取不同用例中共同的操作。然后设计师可以将这些共同操作提取出来形成单独的抽象用例，供其他用例使用。

2）设计师组织用例时关注的是用户最终目标，因此，把"登录账户"理解为基本用例是一种常见的错误。某些设计师错误地认为，用户在执行诸如"取款"或者"存款"之类的任务时需要首先登录系统，结果，他们错误地将"登录账户"作为一个基本用例，而将"取款"和"存款"作为抽象用例。实际上，两个基本用例应该是"取款"和"存款"。"登录账户"只能是包含用例，因为，取款和存款才是用户的目标。

10.7 用例规格描述

用例模型展示了系统由哪些用例组成、具备哪些功能、谁使用系统，但是，没有描述用例执行的细节。用例规格描述中的事件流描述了用例执行时的具体步骤。

为了让用户能够理解用例的执行过程和细节，使用自然语言来描述用例的执行步骤。但是，大多数专家推荐使用用例模板来描述用例执行的详细信息。

10.7.1 事件流

为了全面描述一个用例执行的详细流程，用例描述应该包括的关键要素有：用例何时开始（前置条件）、何时结束（后置条件）、参与者何时与用例交互、交换了什么信息，以及用例执行的基本事件流和扩展事件流。

事件流就是用例执行时，由一系列操作组成的控制流。事件流分为基本事件流和扩展事件流两种。

（1）基本事件流

事件正常并且成功地执行的控制流称为基本事件流。

（2）扩展事件流

事件执行出现意外情况时的控制流称为扩展事件流。

事件流模型如图 10-16 所示。

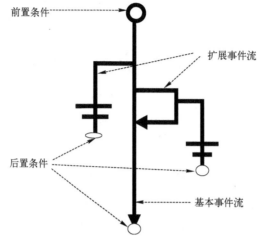

图 10-16　事件流模型

10.7.2　用例模板

描述用例有两种格式：一种是自然语言格式，另一种是表格形式。表 10-4 所示就是一个经典的表格形式，其中用斜体字显示的项目是必须编写的部分。

表 10-4　用例描述模板

用例编号	为用例制定一个唯一的编号，通常格式为 UCxx	
用例名称	应为一个动词短语，让读者一目了然地知道用例的目标	
用例概述	用例的目标，一个概要性的描述	
范围	用例的设计范围	
主参与者	该用例的主参与者（Actor），在此列出名称，并简要地描述它	
次要参与者	该用例的次要参与者（Actor），在此列出名称，并简要地描述它	
项目相关人利益说明	项目相关人	利益
	项目相关人员名称	从该用例获取的利益
	……	……
前置条件	启动该用例时，应该满足的条件	
后置条件	该用例完成之后，将执行什么动作	
成功保证	描述当前目标完成后，环境变化情况	
基本事件流	步骤	活动
	1	在这里写出触发事件到目标完成以及清除的步骤
	2	……（其中可以包含子事件流，以子事件流编号来表示）
扩展事件流	1a	1a 表示是对 1 的扩展，其中应说明条件和活动
	1b	……（其中可以包含子事件流，以子事件流编号来表示）
子事件流	对多次重复的事件流可以定义为子事件流，这也是抽取被包含用例的地方	
规则与约束	对该用例实现时需要考虑的业务规则、非功能需求、设计约束等	

140

　　用例编号：分配给用例的唯一标识。它的格式通常类似于"UC+编号"，如 UC100。为了便于引用，建议为整个系统的用例统一分配编号。

　　用例名称：描述了参与者的目标。通常，它的形式为"动词+名词词组"或者"动词+名词"，如取款。

　　用例概述：简要描述用例的范围和参与者可以观察到的结果。

　　参与者：所有参与本用例的参与者都将被列出，如人、系统等。

　　前置条件：用例启动时参与者与系统应处于何种状态。这个状态应该是可观测的。

　　后置条件：用例结束时系统应处于何种状态。这个状态应该是可观测的。

　　基本事件流：是对用例中常规、预期路径的描述，也被称为 Happy day 场景，它体现了系统的主要功能。

　　扩展事件流：主要是对一些异常情况、选择分支进行描述。

　　超级用例：这一项可以为空。本项填写父用例的名称。

　　另外，介绍几个软件工程中经常用到的概念，后面内容可能涉及。

　　优先级：从开发团队的角度出发，指出该用例在开发日程表中的优先级。总是为那些在架构上非常重要的用例分配较高的优先级。类似地，较高的优先级还应该分配给那些被认为是比较困难或者有很多不确定因素和风险的用例。在开发日程中，应该首先分析和开发那些高优先级用例。

　　假设按照硬件节点或者软件子系统来衡量优先级，如果某个用例涵盖了很大范围，那么就应该认为该用例在架构上非常重要。例如，"取款"用例涵盖了 ATM 系统很大的范围，如磁卡认证、账户登录、账户选择、金额输入都涉及"取款"用例。按照硬件节点，它的执行涉及 ATM 取款机、中心银行计算机和单个银行计算机的协作。另一方面，与"取款"用例比较，"检查余额"用例就没有那么重要了。因此，应该给"取款"用例分配更高的优先级。

　　非行为需求：描述系统性能、用户界面等要求。例如，口令只能是数字，口令长度不能超过 8 个字符，这些都是非行为需求。

　　问题：与用例相关的所有重要问题都需要解决。例如，用户界面对于不同银行的客户是否需要定制？

　　来源：这个部分包含在开发用例时用到的参考资料，比如备忘录、会议等。

10.7.3　用例优先级

　　根据系统的规模，应该首先开发那些在架构上非常重要的用例，其次，开发那些可选的或者重要性相对较低的用例。

　　首先开发优先级较高的用例的目的是尽可能早地降低风险和不确定性。如果某个因素对系统的影响较大，则应该以该因素为标准来确定用例的优先级。例如，如果系统包含了一些开发团队不熟悉的技术，开发者就应该找出与该技术相关的用例，并以该技术为指标来确定用例的优先级。通常可能会提高用例优先级的因素如下：

　　1）对软件架构影响较大的因素。

2）使用了未经测试的新技术。

3）一些没有确定的因素。

4）能明显提高业务处理效率的用例。

5）支持主要业务过程的用例。

软件开发时，常采用高-中-低方案来指定用例的优先级，并对系统中的全部用例进行排序。即优先级确定了以后，首先开发优先级最高的用例，其次开发优先级为中等的用例，最后开发优先级最低的用例。

10.7.4 用例粒度

用例的粒度是指用例执行时包含的步骤多少。按照用例从大到小，将用例分成 3 个级别，即概述级、用户目标级和子功能级。下面以读者阅读图书为例说明用例的 3 个级别。

1. 概述级

概述级是指参与者把整个系统看成一个用例，如图 10-17 所示。

2. 用户目标级

用户目标级是对概述级用例进一步细化，细化后的用例名称反映了用户的目标，如图 10-18 所示。

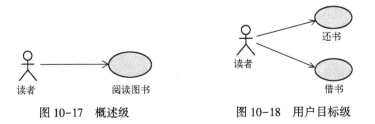

图 10-17 概述级　　　　　　图 10-18 用户目标级

3. 子功能级

子功能级是对用户目标级用例的进一步细化，如图 10-19 所示。

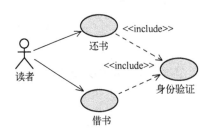

图 10-19 子功能级

10.8 用例描述实例

用例模板有各种格式。自 20 世纪 90 年代早期以来，使用最为广泛的格式是 Alistair Cock-burn（用例建模方法和畅销书的作者）创建的模板。下面的用例描述就是采用这种风格。

用例 UC1：处理销售

范围：NextGen POS 应用

级别：用户目标级

主要参与者：收银员

涉众及其关注点：

—收银员：希望能够准确、快速地输入，而且没有支付错误，因为如果少收货款，将从其薪水中扣除。

—售货员：希望自动更新销售提成。

—顾客：希望以最少代价完成购买活动并得到快速服务。希望便捷、清晰地看到所输入的商品项目和价格。希望得到购买凭证，以便退货。

—公司：希望准确地记录交易，满足顾客要求。希望确保记录了支付授权服务的支付票据。希望有一定的容错性，即使在某些服务器构件不可用时（如远程信用卡验证），也能够完成销售。希望能够自动、快速地更新账务和库存信息。

—经理：希望能够快速执行超级别操作，并更改收银员的不当操作。

—政府税收代理：希望能从每笔交易中抽取税金。可能存在多级税务代理，比如国家级、州级和县级。

—支付授权服务：希望接收到格式和协议正确的数字授权请求。希望准确计算对商店的应付款。

前置条件：收银员必须经过确认和认证。

后置条件：存储销售信息；准确计算税金；更新账务和库存信息；记录提成；生成票据；记录支付授权信息。

基本流程：

1. 顾客携带所购商品或服务到收银台通过 POS 机付款。

2. 收银员开始一次新的销售交易。

3. 收银员输入商品条码。

4. 系统逐条记录出售的商品，并且显示该商品的描述、价格和累积额。价格通过一组价格规则来计算。

收银员重复第 3~4 步（上面序号为 3、4 的步骤），直到输入结束。

5. 系统显示总额和所计算的税金。

6. 收银员告知顾客总额，并请顾客付款。

7. 顾客付款，系统处理支付。

8. 系统记录完整的销售信息，并将销售和支付信息发送到外部的账务系统（进行账务处理和提成）和库存系统（更新库存）。

9. 系统打印票据。

10. 顾客携带商品和票据离开（如果有）。

扩展事件流（下面是部分扩展事件流）：

 1a. 经理在任意时刻要求进行的操作：

　1. 系统进入经理授权模式。

　2. 经理或收银员执行某一经理模式的操作。例如，变更现金结余，恢复其他登录者中断的销售交易，取消销售交易等。

    3. 系统回到收银员授权模式。

1b. 系统在任意时刻失败。

为了支持恢复和更正账务处理，要保证所有交易能够从任何一个中断点上完全恢复。

    1. 收银员重启系统、登录、请求恢复上次状态。

    2. 系统重新回到上次所在的状态。

2a. 客户或经理需要恢复一个中断的销售交易。

    1. 收银员执行恢复操作，并且输入销售 ID，以提取对应的销售交易。

    2. 系统显示被恢复的销售交易状态及其金额合计。

3a. 未发现对应的销售交易。

    1. 系统向收银员提示错误。

    2. 收银员可能需要建立一个新的销售交易，并重新输入所有商品。

2b. 系统内不存在该商品 ID，但是该商品附有价格和标签。

    1. 收银员请求经理执行超级别操作。

    2. 经理执行相应的超级别操作。

    3. 收银员选择手工输入商品标签上的价格，并请求对该价目进行标准计税。

特殊要求：

1. 使用大尺寸平面显示器触摸屏 UI。

2. 90%的信用卡授权响应时间小于 30 秒（s）。

3. 由于某些原因，希望在访问远程服务（如库存系统）失败的情况下，系统具有比较强的恢复功能。

4. 支持文本显示的语言国际化。

未决问题：

1. 研究远程服务的恢复问题。

2. 针对不同业务需要怎样进行定制？

3. 收银员是否必须在系统注销后带走现金？

4. 是否可以允许顾客直接使用读卡器？还是必须由收银员使用读卡器？

此例可以让读者体会到详述用例能够记录的大量需求细节。此例将能够成为解决众多用例问题的模型。

10.9 用例与协作

用例与协作之间的关系，如同接口与实现类之间的关系，即协作实现用例。

1. 实现

在实现关系中，一个接口描述合约，一个类或者构件实现这个合约。实现是用一条带虚线的空心三角箭头指向接口。

一般情况下，实现描述接口与构件之间的关系。如图 10-20 所示，构件 AccountRule 实现接口 IRule。也可以用实现来描述协作与用例之间的关系。如图 10-21 所示，协作"抬水"实现用例"抬水"，协作"抬水"由四个类组成：两个人（甲、乙）、一个扁担、一个水桶，即共四个对象相互协作来完成抬水任务。

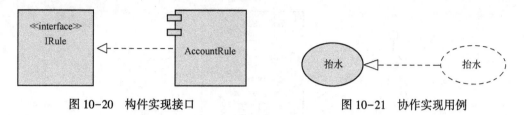

图 10-20　构件实现接口　　　　　　图 10-21　协作实现用例

图 10-21 中，实线椭圆表示用例，虚线椭圆表示协作。协作由一组类和接口组成。

2. 用例与协作

用例仅仅声明了系统要实现的功能，并不需要说明如何实现这些功能，如何实现用例的功能是协作关心的事情。要实现某个用例的功能，一定是一组对象相互合作来完成的，这组对象构成一个有机群体，从行为上表现为协作。协作既包括了静态结构（一组对象构成一个合作整体，它们存在一定的逻辑结构，或者物理结构），也包括了动态行为（一组对象为实现某个功能，行为上必须相互合作）。

图 10-21 中，用例"抬水"，仅仅是一个声明，并没有规定如何抬水。协作"抬水"规定了如何抬水的细节；必须有两个人、一个扁担、一个水桶，这四个对象相互合作（两人一前一后，走路步伐要一致，走路跨度一样大，扁担放在肩膀上，水桶挂在扁担上），才能实现抬水的任务。从整体上看，这四个对象有静态结构，也有动态行为。

10.10　常用建模技术

在实际应用中，常采用用例模型对系统语境建模、对系统需求进行建模。对系统语境建模，就是确定系统的边界，识别哪些事物在系统内部，哪些事物在系统外部。

10.10.1　对系统语境建模

对于任何一个系统来说，一部分事物存在于系统内部，一部分事物存在于系统外部。例如，在一个信用卡验证系统中，账户、事务处理、欺诈行为检测代理，均存在于系统内部，像信用卡顾客、零售机构，都存在于系统外部。存在于系统内部的事物的职责，正好是存在于系统外部的事物希望提供的行为。因此，存在于系统外部事物的集合构成了系统的语境。利用用例图对系统语境建模，具体建模方法如下：

1）识别哪些行为属于系统内部完成的，哪些行为属于系统外部完成的，通过这种方法可以识别系统的边界。

2）识别系统的参与者。主要包括：从系统中得到帮助完成其任务的事物；系统执行任务时所需要的事物；与外部硬件或者软件系统进行交互的事物；管理和维护系统的事物。

3）把参与者组织成结构层次关系，如，参与者泛化。

4）为了加深理解，为某些参与者提供一个构造型。

图 10-22 展示了信用卡验证系统的语境。图中强调了系统周围的参与者。其中，参与者分为主要参与者和次要参与者。主要参与者是：顾客。顾客又分为个人顾客、团体顾客。次要参与者是：零售机构（顾客通过该机构刷卡，购买商品或服务）、信用卡账户结算机构

（财务机构）。

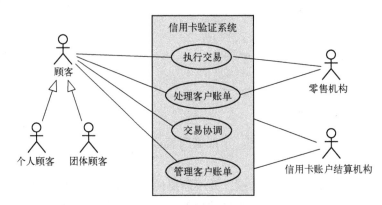

图 10-22　对系统语境建模

10.10.2　对系统需求建模

软件需求是根据用户对产品的功能的期望，提出产品外部功能的描述。需求分析师的工作是获取系统的需求，组织、归纳系统所要实现的功能，使最终的软件产品最大限度地满足用户的要求。需求分析师一般只考虑系统应该做什么，而不用考虑系统怎么做。

对系统需求建模，要遵守以下策略：

1）识别系统外部的参与者，从而建立系统的语境。

2）考虑每一个参与者期望系统提供的行为。把每个行为定义为一个用例。

3）从已知的用例中抽取共同的操作，并将这些共同的操作命名为一个新的用例，这个用例就是包含用例。

4）将一个大的用例分解为两个用例，其中一个是基本用例，另一个是扩展用例。基本用例在满足某个条件时，才调用扩展用例。

5）系统中所有用例识别为基本用例、包含用例、扩展用例后，将它们组织起来。

例如，某公司人事管理系统有三种用户：公司员工、管理员、系统管理员。其中，公司员工的需求如下：

1）用户注册。主要实现员工的注册，创建自己的账户密码。

2）登录系统。登录应用程序查看自己的信息。

3）修改密码。修改用户自己的密码。

4）查看信息。员工查询自己的基本信息、职位、薪水等。

上面包含四种行为，将每种行为定义为一个用例，得到员工需求，如图 10-23 所示。

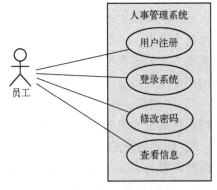

图 10-23　员工需求用例

10.11　小结

本章首先介绍了参与者、用例的语义和表示法；其次，介绍了用例之间的三种关系及其表示法；第三，介绍了用例的规格描述；第四点，介绍了用例常用的建模技术：对系统语境建模、对需求建模。

10.12 习题

一、简答题

1. 用例图中的主要 UML 元素有哪些？

2. 用例图中的参与者属于系统的成员吗？

3. 举例说明用例与场景之间的关系。

4. 举例说明用例之间的三种关系。

5. 举例说明组织用例的全过程。

6. 举例说明寻找参与者、寻找用例的过程。

二、填空题

1. 用例图描述了（　　　　）之间，用例与（　　　　　）之间的关系。

2. 用例图主要用于对系统的（　　　）建模。

3. 参与者的名字要用（　　　　）表示，不能是一个具体的对象名表示。

4. 场景是用例的一次完整的执行（　　　　　）。

5. 用例之间的关系有：（　　　　）关系、扩展关系和（　　　　　）关系。

6. 包含关系的构造型是（　　　　　），扩展关系的构造型是（　　　　）。

7. 在包含关系中，箭头由基本用例指向（　　　　　）用例。

8. 基本用例独立于（　　　）用例而存在，当满足某个条件时它才调用（　　　　）用例。

9. 参与者和用例是一种双向的（　　　）关系，用一条（　　　　）表示双向通信。

第 11 章
双向工程

正向工程将设计模型转换成代码框架，逆向工程将代码转换成设计模型。双向工程实现了设计模型与代码之间的双向转换。

本章要点

双向工程。

在 Rose 环境下正向工程执行流程。

在 Rose 环境下逆向工程执行流程。

双向工程应用实例。

学习目标

熟练运用 Rose 工具实现 UML 模型与代码之间相互转换的方法。

11.1　双向工程简介

正向工程把设计模型转换为代码框架，开发者不需要编写类、属性、方法等代码，只需在方法体中填写相应的语句，以实现方法的功能。一般情况下，开发人员将系统设计细化到一定的级别后，用正向工程把设计模型映射为代码框架。

逆向工程是把代码转换成设计模型。在迭代开发过程中，一旦模型被修改，必须执行正向工程，目的是更新程序中的类、方法、属性。与此类似，一旦程序被修改，必须执行逆向工程，目的是更新设计模型。本书使用的 UML 工具是 Rational Rose。

11.2　正向工程

正向工程是指把 Rose 模型中的一个或多个类图转换为 Java 源代码的过程。Rational Rose 中的正向工程是以组件为单位（即类模型以组件为单位向 Java 源代码转换，不是以类为单位）实现模型到代码的转换。所以，创建一个设计类后需要把它分配给一个有效的 Java 组件。在进行正向工程时，如果模型的默认语言是 Java，Rose 工具会自动为这个图形类创建一个组件。

当对一个模型元素进行正向工程时，模型元素的特征会映射成 Java 语言的框架结构。例如，Rose 中的类会通过它的组件生成一个 .java 文件，Rose 中的包会生成一个 Java 包。另外，当把一个 UML 包进行正向工程时，将把属于该包的每一个组件都生成一个 .java 文件。

Rose 工具能够使代码与 UML 模型保持一致，每次创建或修改模型中的 UML 元素，它都会自动进行代码生成。默认情况下，这个功能是关闭的，可以通过 Tools→Java→Project

Specification 命令打开该功能，选择 Code Generation 选项卡，选中 Automatic SynchronizationM 复选框，如图 11-1 所示。

图 11-1 所示的 Code Generation 选项卡是代码生成时最常用的一个选项卡。下面对该选项卡中的选项做详细的介绍。

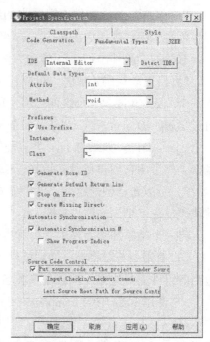

图 11-1　打开自动同步

1）IDE 下拉列表框：指定与 Rose 相关联的 Java 开发环境。下拉列表框中列出了系统注册表中的 IDE。Rose 可以识别的开发环境有以下几种：VisualAge for Java、VisualCafe、Forte for Java 以及 JBuilder。默认的 IDE 是 Rose 内部编辑器，它使用 Sun（已被甲骨文收购）的 JDK。

2）Default Data Types 选项区：该项用来设置默认数据类型，当创建新的属性和方法时，Rose 就会使用这个数据类型。默认情况下，属性的数据类型是 int，方法返回值的数据类型是 void。

3）Prefixes 选项区：该项设定默认前缀（如果有），Rose 会在创建实例和类变量时使用这个前缀。默认不使用前缀。

4）Generate Rose ID 复选框：设定 Rose 是否在代码中为每个方法都加唯一的标识符。Rose 使用这个 RoseID 来识别代码中名称被改动的方法。默认情况下，将生成 RoseID；如果取消选中 Automatic Synchronization M 复选框，就需要打开该功能。

5）Generate Default Return Line 复选框：设定 Rose 是否在每个类声明后面都生成一个返回行。默认情况下，Rose 将生成返回行。

6）Stop On Error 复选框：设定 Rose 在生成代码时，是否在遇到第一个错误时就停止。默认情况下这一项是关闭的，因此即使遇到错误，也会继续生成代码。

7）Create Missing Directories 复选框：如果在 Rose 模型中引用了包，这项将指定是否生成没有定义的目录。默认情况下，这个功能是开启的。

8）Automatic Synchronization Mode 复选框：当选中该复选框时，Rose 会自动保持代码与模型同步，也就是说代码中的任何变动都会立即在模型中反映出来，反过来也一样。默认情况下，没有使用这个功能。

9）Show Progress Indicator 复选框：指定 Rose 是否在遇到复杂的同步操作时显示进度栏。默认情况下不会显示。

10）Source Code Control 选项区：指定对哪些文件进行源码控制。

11）Put source code of the project under Source Control 复选框：是否使用 Rose J/CM Intergration 对 Java 源代码进行版本控制。

12）Input Checkin/Checkout comment 复选框：指定用户是否需要对检入/检出代码的活动进行说明。

13）Select Source Root Path for Source Control 按钮：选择存放生成的代码文件的路径。

下面将详细介绍如何从模型生成 Java 代码。

1. 将 UML 类加入模型中的 Java 组件

Rose 会将 .java 文件与模型中的组件联系起来。因此，Rose 要求模型中的每个 Java 类都必须属于组件视图中的某个 Java 组件。

有两种给组件添加 Java 类的方法：

1) 当启动代码生成时，可以让 Rose 自动创建组件。如果这样，Rose 会为每个类都生成一个 .java 文件和一个组件。为使用这个功能，必须将模型的默认语言设置为 Java，可以通过 Tools→Options→Notation→Default Language 命令进行设置。Rose 不会自动为多个类生成一个 .java 文件。如果将 Java 类分配给一个逻辑包，Rose 将为组件视图中的物理包创建一个镜像，然后用它创建目录或是基于模型中包的 Java 包。

2) 可以自己创建组件，然后显式地将类添加到组件视图中。这样做可以将多个类生成的代码放在一个 .java 文件中。

将一个类添加到组件中有两种方法（必须首先创建这个组件）：

1) 使用浏览器将类添加到组件中。首先在浏览器视图中选择一个类，然后将类拖放到适当的组件上。这样，就会在该类名字后面列出其所在组件的名字。

2) 使用 Rose 中的 Component Specification 窗口。首先打开组件的标准说明：如果该组件不是一个 Java 组件（也就是它的语言仍然是 Analysis），双击浏览器或图中的组件；如果它已经是 Java 组件，则选中它并单击鼠标，右击然后在弹出的快捷菜单中选择 Open Standard Specification 命令。

2. 语法检查

这是一个可选的步骤。生成代码前，可以选择对模型组件的语法进行检查。在生成代码时，Rose 会自动进行语法检查。Rose 的 Java 语法检查是基于 Java 代码语义的。

可以通过下面的步骤对模型组件进行 Java 语法错误检查：

1) 打开包含将用于生成代码的组件图。

2) 在该图中选择一个或多个包和组件。

3) 使用 Tools→Java/J2EE→Syntax Check 命令对其进行语法检查。

4) 查看 Rose 的日志窗口。如果发现有语法错误，生成的代码有可能不能编译。

5) 修改组件。

3. 设置 Classpath

通过 Tools→Java/J2EE→Project Specification 命令打开 Rose 中的 Java Project Specification 窗口，其中 ClassPath 选项卡为模型指定一个 Java 类路径。

4. 设置 Code Generation 参数

在这里采用默认值，所以不用设置。

5. 备份文件

代码生成以后，Rose 将会生成一份当前源文件的备份，它的前缀是 .jv~。在用代码生成设计模型时，必须将源文件备份。如果多次为同一个模型生成代码，那么新生成的文件会覆盖原来的 .jv~ 文件。

6. 生成 Java 代码

要生成 Java 代码首先选择至少一个类或组件，然后选择 Tools-Java/J2EE→Generate Code 命令。如果是第一次使用该模型生成代码，那么会弹出一个映射对话框，它允许用户将包和组件映射到 Classpath 属性设置的文件夹中。

11.3　逆向工程

逆向工程是分析 Java 代码，然后将其转换到 Rose 模型的类和组件的过程。Rational Rose 允许从 Java 源文件（.java 文件）、Java 字节码（.class 文件）以及一些打包文件（.zip、.cab、.jar 文件）中进行逆向工程。

下面将会详细介绍逆向工程的过程。

（1）设置或检查 CALSSPATH 环境变量

Rose 要求将 CLASSPATH 环境设置为 JDK 的类库。根据使用的 JDK 的版本不同，CLASSPATH 可以指向不同类型的类库文件，例如 .zip 或 .jar 等。下面以 Window 7 操作系统为例，设置 CLASSPATH 环境变量的步骤如下：

1）右击"计算机"，然后选择"属性"→"高级系统设置"选项，单击"环境变量"按钮，在"系统变量"选项区域中，首先查找是否已经有了 Classpath 环境变量。如果没有，单击"新建"按钮；如果有，则单击"编辑"按钮，然后在弹出的对话框中输入路径。

2）为自己的库创建一个 Classpath 属性。可以使用 Project Specification 窗口中的 Classpath 选项卡进行设置。

（2）启动逆向工程

有三种方法可以启动逆向工程：

1）方法一：选择一个或多个类，然后选择 Tools→Java/J2EE→Reverse Engineer 命令。

2）方法二：右键单击某个类，然后在弹出的快捷菜单中选择 Java/J2EE→Reverse Engineer 命令。

3）方法三：将文件拖放到 Rose 模型中的组件图或类图中。当拖放 .zip、.cab 和 .jar 文件时，Rose 会自动将它们解压。注意，Rose 不能将代码生成这种文件。

11.4　实例应用

下面的例子演示 UML 模型与代码之间的转换过程。

1. 正向工程实例

Rose 正向工程是将类图转换为代码，所以首先绘制类图，如图 11-2 所示。

然后选择 Tools→Java/J2EE→Project Specification…命令，打开工程规范对话框，配置 Classpath 路径，如图 11-3 所示。

单击 new 按钮，就会增加一个空行（用于添加路径），如图 11-4 所示。

单击配置按钮，弹出 Add to ClassPath 对话框，如图 11-5 所示。

Classpath 配置有两种方式：

1）第一种方式。在图 11-5 中，选择 Jar/zip... 按钮，要求指定 JDK 的类库文件（如

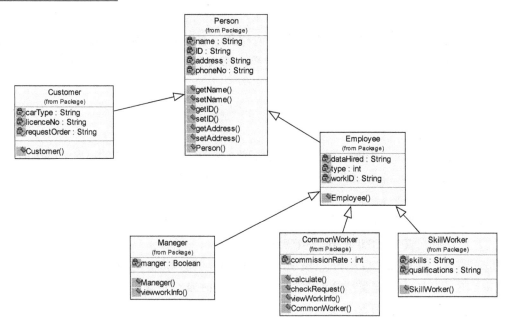

图 11-2　类图

例子中是：C:\Program Files\Java\jdk1.7.0\lib\dt.jar 等）和存放 Java 类的路径。本例中指定的 Java 文件的存放路径是：D:\Users。

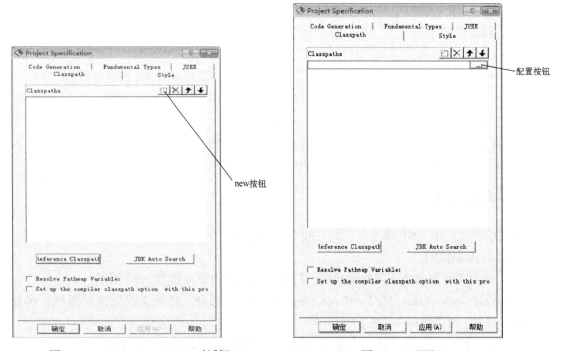

图 11-3　Project Specification 对话框　　　　　图 11-4　配置 ClassPath

2）第二种方式。在图 11-5 中，选择 Directory.. 按钮，这种方式仅指定 Java 文件存放路径。

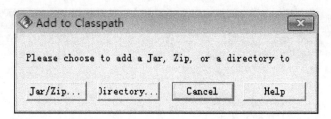

图 11-5 Classpath 配置方式选择对话框

本例选择第一种方式，配置如图 11-6 所示。

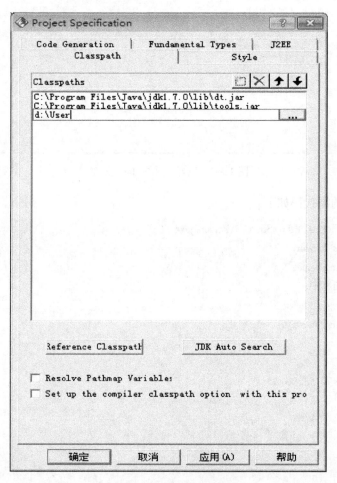

图 11-6 配置 ClassPath

依次单击"应用（A）"按钮、"确定"按钮，完成 ClassPath 配置。

代码生成步骤如下：

1）第 1 步。在类图中，通过鼠标选择要转换的所有类。

2）第 2 步。选择 Tools→Java/J2EE→Generate Code 命令，这样，UML 类就被转换为 Java 代码了。如图 11-7 所示。

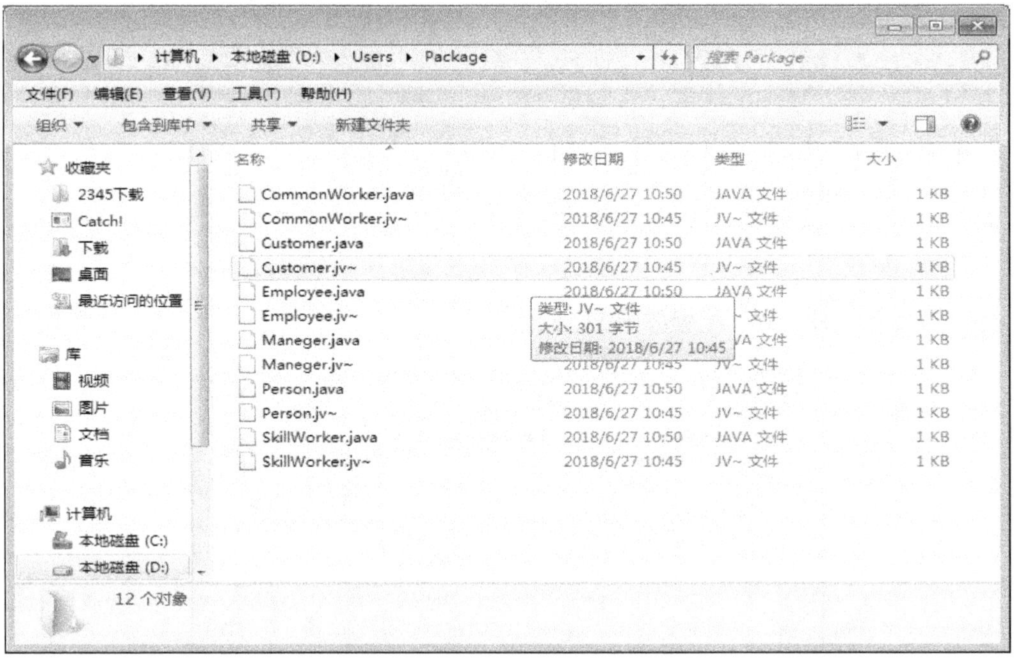

图 11-7　已经生成的 Java 文件

基类 Person 的源代码如下：

```
//Source file: D:\\JavaSource\\Person. java
public class Person{
private String name;
private String ID;
private String address;
private String phoneNo;

/**
@ roseuid 4921532B01A5
*/
public Person( ){
}

/**
@ roseuid 492152A003A9
*/
public void getName( ){
}

/**
@ roseuid 4921532B0138
*/
```

```
        public void setName( ) {
        }

        / * *
        @ roseuid 49215335002E
        * /
        public void getID( ) {
        }

        / * *
        @ roseuid 4921533E031C
        * /
        public void setID( ) {
        }

        / * *
        @ roseuid 49215343000F
        * /
        public void getAddress( ) {
        }

        / * *
        @ roseuid 4921534E030D
        * /
        public void setAddress( ) {
        }
}
```

在类模型中，Customer 是 Person 的子类，通过 Rose 转换生成的 Java 源代码如下：

```
//Source file: D:\\JavaSource\\Customer. java
public class Customer extends Person {
   private String CarType;
   private String licenceNo;
   private String RequestOrder;
   / * *
   @ roseuid 4921539A000F
   * /
   public Customer( ) {

   }
}
```

代码生成后，开发者就可以在方法体中填写代码了。

2. 逆向工程实例

修改 Customer 类中的方法和成员变量，然后通过逆向工程查看类图的变化情况。在 Customer 类里加入一个 print 方法，暂时不加入任何实现内容，再删除 RequestOrder 成员变量。print 方法如下：

```
public void print( ){ }
```

在 Rational Rose 的逻辑视图中选择 Customer 类，单击鼠标右键，在弹出的快捷菜单中选择 Java/J2EE→Reverse Engineer 命令，弹出如图 11-8 所示的窗口。

在左边的目录结构中选择 D：\JavaSource，然后右边就会显示出该目录下的 .java 文件，选择 Customer.java 文件，单击 Reverse 按钮，完成以后单击 Done 按钮，可以发现 Customer 类发生了变化，如图 11-9 所示。

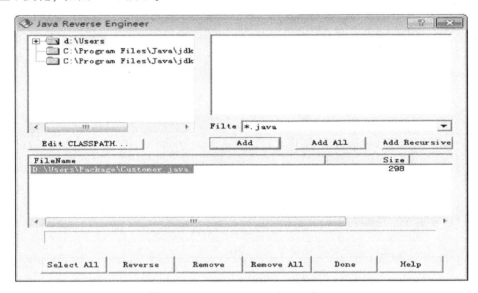

图 11-8　Java Reverse Engineer 窗口

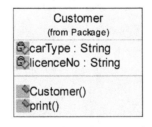

图 11-9　Customer 类发生了变化

11.5　小结

双向工程包括正向工程和逆向工程。正向工程把设计模型转换为代码，逆向工程把代码转换为设计模型。通常，开发人员将设计细化到一定级别后使用正向工程。

Rational Rose 允许从 Java 源文件（.java 文件）、Java 字节码（.class 文件）以及一些打包文件（.zip .cab .jar 文件）中进行逆向工程。

11.6 习题

一、简答题

1. 简要解释双向工程的含义。

2. 双向工程的主流建模工具有哪些？

3. 简述 Rational Rose 中 Java 代码生成的步骤。

4. 简述 Rational Rose 中从 Java 代码生成模型的步骤。

二、填空题

1. 正向工程把设计模型转换为（   ），开发者不需要编写类、属性、方法等代码，只需在方法体中编写相应的（   ），实现方法的功能。

2. 一旦某些代码被修改，采用逆向工程将修改后的代码转换为（   ）模型。

3. Rose 工具能够使代码与 UML 模型保持一致，每次创建或修改模型中的 UML 元素，系统都会自动（   ）。

4. Rose 会将 .java 文件与模型中的（   ）联系起来。因此，Rose 要求模型中的每个 Java 类都必须属于组件视图中的某个（   ）。

5. Rational Rose 允许从 Java 源文件、Java 字节码以及一些打包文件（.zip、.cab、.jar 文件）中进行（   ）工程。

第 12 章
网上书店系统建模

本章以网上书店系统为例,详细说明领域建模、用例建模、动态建模的方法、原理和过程。特别强调建模过程中的面向对象的分析技术、设计技术、建模原则、建模方法。

本章要点

领域建模、用例建模和动态建模。

学习目标

掌握领域建模、用例建模、动态建模用到的原理、启发性知识、方法。

12.1 领域建模

系统开发的第一步是对领域系统的理解,即对当前系统问题域的理解。需求分析师第一步要做的工作是,通过访问用户、客户和领域专家,找出系统的一般需求,即**通用需求**,将用户、客户和领域专家对系统的描述与需求记录下来,整理成规范化的**问题陈述**;第二步是分析、修改和完善问题陈述;第三步,以迭代和增量的方式,设计对象模型和数据字典。

12.1.1 领域建模方法

领域分析过程就是准备问题陈述、创建**对象模型和数据字典**的过程。开发领域模型常采用以下步骤:

1)准备问题陈述。

2)使用文本分析技术识别对象和类。

3)开发数据字典(词汇表)。

4)识别类之间的关联。

5)使用继承、依赖、实现和关联组织类。

6)识别类和关联类的属性。

7)为可能存在的查询验证访问路径。

8)多次迭代、细化、修改完善对象模型。

9)完成用例模型后,回头还要修改对象模型。

12.1.2 领域建模过程

领域建模过程包括以下步骤。

1. 准备问题陈述

领域分析的目标是寻找一个**通用的对象模型**,该模型适用于所有的应用领域。问题陈述应该强调领域的通用需求，而不是个别应用的特定需求，因此，问题描述应该关注领域中对象及其关系的描述，而不是描述解决方案。同一个领域存在多个应用，每个应用的任务和执行过程是不同的，解决方案也不同。

例如，对银行领域而言，问题陈述有两种方式：

1）第一种陈述。一个客户在一个银行中可以有多个账户（这句话强调了领域对象及其关系）。

2）第二种陈述。一个客户拿身份证进入银行，首先进行身份验证，选择账户方式，然后让服务员为他开设一个银行账户（这句话强调领域的操作过程和步骤，即解决方案）。

问题陈述时应该采用第一种描述方式，不能采用第二种方式，因为第二种方式强调的是问题解决方案。

下面是网上书店系统的问题陈述：

某书店希望建立一个网站，通过网站实现公司的销售业务。需求分析师采访书店的客户、用户和领域专家，并记录了下面的问题陈述：

通用公司正在开发一个网上书店系统，该公司的客户使用这个系统可以购买图书并销售他们使用过的书籍。公共用户是该系统没有注册的客户。

公共用户和注册用户可以通过输入关键字搜索书籍，关键字包括书籍标题、作者、新书价格和旧书的价格范围。系统显示匹配关键字的书籍列表。书籍列表的每项均由书籍标题、作者、新书价格和旧书的价格范围组成。用户可以从列表中选取一本书以显示该书更加详细的信息（可用性、新书价格、旧书价格、内容列表、作者和 ISBN）。用户还可以将该书的一个副本（新书或者旧书）添加到购物篮中。然后该用户可以继续搜索其他书籍。当用户完成搜索后，可以检验购物篮中的书籍。系统要求用户通过输入电子邮件地址和账户口令来登录账户。如果还没有注册，用户这时可以注册一个新的客户账户。用户输入电子邮件地址、家庭住址和口令。系统在通过邮件消息确认创建新的客户账户之前，要验证该电子邮件地址是否已经被已有的客户使用。然后系统要求用户选择运送选项（快递、优先和普通）。不同的运送选项的价格不同。然后用户可以选择支付途径（信用卡或者在本书店的用户账户）。如果用户选择使用信用卡支付，用户将输入卡号、类型和过期时间。然后用户将信用卡信息和支付的金额发送到外部的支付网关。根据选择的书籍的价格和选中的运送选项的价格相加来计算支付金额。如果信用卡交易被批准，外部支付网关发送回一个批准的代码。否则，系统将要求用户重新选择支付手段并重新输入支付信息。如果用户选择使用他的账户且有足够的金额，系统将从客户的账户中收费。否则系统要求用户重新选择支付手段。当完成了支付以后，系统将安排已订书籍的交付。某个运送代理商将负责已订书籍的运送。如果订单涉及的是一本新书，系统将发送运送请求，通知该运送代理商从书店中收集到这本书。同一个订单中的新书将被一并运送。如果订购了旧书，系统将发送一个交付请求，以通知该书的出售者，同时发送一个运送请求给书店的运送代理商。运送代理商从出售者那里收集书籍并将书籍交付给购买者。来自同一个出售者的同一个订单中的旧书将被一并运送。在将书籍交付给购买者以后，运送代理商将向系统发送一条表明运送已经完成的消息。在接收到这条消息之后，系统更新出售者的客户账户，旧书价格减去服务费用之差存入到客户金额中。

公共用户或者希望销售旧书的注册客户可以通过搜索书籍并显示它的信息来搜寻上面的过程，然后用户可以将旧书贴出发售，系统将要求该用户输入价格和该旧书的新旧状态。然后系统进一步要求用户输入电子邮件地址和客户账户口令以便登录。如果用户没有客户账户，该用户将按照前一段中所描述的步骤，创建一个新的客户账户。

现在以迭代和增量的方式开发网上书店系统的**对象模型**。

2. 识别对象和类

识别对象和类的方法是：使用文本分析技术从问题陈述中提取所有名词和名词短语。这一步的目的是识别一组可在后续步骤中进一步详述和细化的候选对象。本阶段选择类和对象时可能会漏掉一些类和对象，我们在后续阶段可以进行添加漏掉的对象。

对于每个提取的名词或者名词短语，需要仔细考虑其是否真正地表达了该领域中的某个对象。对象识别过程不是一项简单的任务，某个名词或者名词短语在一个领域中可能是对象，而在另一领域中则有可能不是对象。

在领域模型中，具备下面特征的名词和名词短语一般是对象：

- 客观性事物（如篮球场、建筑物）。
- 概念事物（如课程、模块）。
- 事件（如测试、考试、讲座）。
- 外部组织（如发布者、提供者）。
- 扮演的角色（如父亲、经理、校长）。
- 其他系统（如考试系统、课程管理系统）。

问题陈述中的名词和名词短语加下画线。表 12-1 列出了问题陈述中的名词和名词短语。

表 12-1　问题描述中的名词和名词短语

通用公司（概念）	运送选项（概念）
客户（扮演角色）	支付途径（概念）
网上书店系统（其他系统）	信用卡（概念）
图书，书籍（概念）	卡号（简单值，属性）
公共用户（扮演角色）	类型（简单值，属性）
注册客户（扮演角色）	过期时间（简单值，属性）
书籍标题（简单值，属性）	支付金额（简单值，属性）
作者（简单值，属性）	支付网关（其他系统）
新书价格范围（简单值，属性）	信用卡信息（简单值，属性）
旧书价格范围（简单值，属性）	金额（简单值，属性）
书籍列表（概念）	代码（简单值，属性）
信息（书的属性列表）	运送代理商（扮演角色）
副本（等同书籍）	书店（概念）
购物篮（概念）	订单（概念）
电子邮件地址（简单值，属性）	出售者（扮演角色）
口令（简单值，属性）	购买者（扮演角色）
账户（概念）	价格（简单值，属性）
家庭住址（简单值，属性）	旧书的新旧状态（简单值，属性）

　　对表 12-1 中提取出来的名词或者名词短语进行了分类。通过消除不恰当的类进一步筛选候选类。不恰当的类主要包括冗余类、无关类、模糊类、属性、操作。删除表 12-1 中被标识为属性的名词和名词短语，修订后的候选类见表 12-2。

表 12-2　修订后的候选类一

通用公司（概念）（与领域无关）	运送选项（概念）
客户（扮演角色）	支付途径（概念）
网上书店系统（要开发的系统）	信用卡（支付途径的属性）
图书，书籍（概念）	支付网关（其他系统）
公共用户（扮演角色）	运送代理商（扮演角色）
注册客户（扮演角色）	书店（概念）
书籍列表（概念）	订单（概念）
副本（等同书籍，图书）（冗余）	出售者（扮演角色）
购物篮（概念）	购买者（扮演角色）
账户（概念）	

　　删除表 12-2 中的冗余类和无关类，修订后的候选类见表 12-3。

表 12-3　修订后的候选类二

客户（扮演角色）	支付途径（概念）
书籍（概念）	支付网关（其他系统）
公共用户（扮演角色）	运送代理商（扮演角色）
注册客户（扮演角色）	书店（概念）
书籍列表（概念）	订单（概念）
购物篮（概念）	出售者（扮演角色）
账户（概念）	购买者（扮演角色）
运送选项（概念）	

　　表 12-3 中，客户是对公共用户和注册客户的统称，是冗余类，去掉，并且将"注册客户"更名为"注册用户"，修订后的候选类见表 12-4。

表 12-4　修订后的候选类三

书籍（概念）	支付途径（概念）
公共用户（扮演角色）	支付网关（其他系统）
注册用户（扮演角色）	运送代理商（扮演角色）
书籍列表（概念）	书店（概念）
购物篮（概念）	订单（概念）
账户（概念）	出售者（扮演角色）
运送选项（概念）	购买者（扮演角色）

3. 开发数据字典

　　开发数据字典就是对类的语义、属性和操作的定义。表 12-5 给出了网上书店系统的类定义。

表 12-5 网上书店系统的类定义

类	定 义
公共用户（PublicUser）	没有注册的用户，只能浏览商品
注册用户（RegistedUser）	已注册的用户，可以登录网上书店系统进行图书浏览和买卖，这个类的属性有：用户名，口令，电子邮件
书籍（Book）	系统中销售的商品，这个类的属性有：作者，书名，价格和 ISBN 码
书籍列表（BookList）	按照某个关键字查询的书籍进行列表。该类有属性：书籍名称，作者，价格
购物篮（ShoppingBusket）	购买者可以将书籍添加到购物篮，也可以把书籍从购物篮中删除，它是用来暂时保存购买者的书籍的
账户（Account）	用户注册后获得一个账户，该类有属性：账户号，邮件地址，家庭住址，口令
运送选项（DeliverOption）	提供了三种运送选项：快速运送、优先运送和普通运送
支付途径（PaymentMethod）	购买者可以选择支付途径。支付途径分为：信用卡支付和本书店的用户账户支付
支付网关（PaymentGateway）	支付网关是银行提供给网上书店系统收取客户费用的接口（一个外部系统），用于审核支付请求，检验信用卡的有效性。若信用卡交易批准，它将发送回一个批准代码给网上书店系统
运送代理商（DeliverAgent）	负责收集书籍和代理运送图书的公司
书店（BookStore）	管理和销售书籍的场所。该类有一个属性：书店编号（ID）
订单（Order）	订单是购买者生成，订单发送给网上书店系统处理。订单指定了图书名称、价格、ISBN 码、数量和运送方式
出售者（Bargainor）	使用书店系统出售旧书的注册用户，该类有一个属性：用户 id
购买者（Purchaser）	使用书店系统购买书籍的注册用户，该类有一个属性：用户 id

表 12-5 的候选对象展示在图 12-1 中。

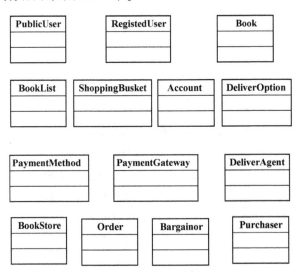

图 12-1 候选对象

4. 识别类之间的关联

通过查找问题陈述中连接两个或者多个对象的动词和动词短语，可以识别出关联。表

12-6 列出了从问题陈述中提取出来的动词短语，以识别候选关联关系。

表 12-6　给出了从问题陈述中提取出来的动词短语以识别候选关联关系

动词短语	关系	说明
一个注册用户可以开设一个或多个账户	has	
购买者和销售者都是注册用户	继承	
购买者购买书籍	关联	购买的行为由多个步骤完成，因此不考虑这个关联
出售者销售书籍	关联	销售的行为由多个步骤完成，因此不考虑这个关联
书籍列表由书籍名称、作者、价格组成	聚合	
用户可以向购物篮中添加和删除书籍	聚合	
购买者可以选择一种运送选项	choose	
购买者可以选择一种支付途径	choose	
系统将信用卡信息和金额发送给外部网关，外部网关对信用卡进行校验，即对支付途径(信用卡支付时)进行校验	check	外部网关与支付途径关联
运送代理商从书店收集新书	collect	
运送代理商从出售者那里收集旧书	collect	
运送代理商将书籍交付给购买者	deliver	发送，传递
一个订单由运送选项、支付途径和购物篮中的书组成	组合关系	
书籍列表由多本书组成	组合关系	

根据表 12-6，我们识别出初步的对象模型，如图 12-2 所示。

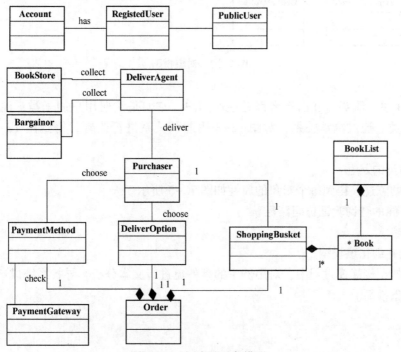

图 12-2　初步的对象模型

163

5. 使用继承和重组改善对象模型

图 12-2 中，订单（Order）由运送选项、支付途径和购物篮组成，而订单由购买者创建的，因此，对以上 4 个类的关系进行改善，得到如图 12-3 所示的对象模型。

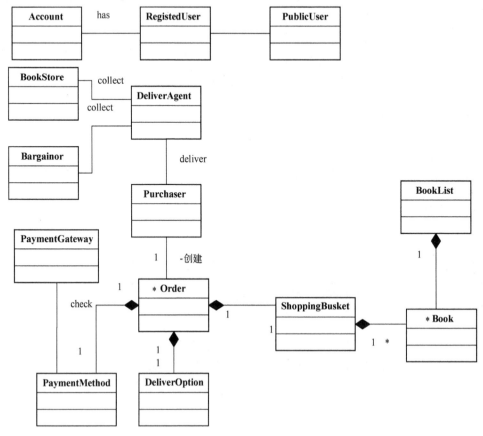

图 12-3　对象模型

图 12-3 中，购买者和出售者都是注册用户，它们是注册用户的子类；注册用户是公共用户的子类。通过继承关系，对图 12-3 用继承关系进行改善，得到图 12-4 所示的对象模型。

6. 识别类的属性

根据问题陈述，得到每个对象的属性如图 12-5 所示。

7. 为可能的查询验证访问路径

此步省略。

8. 迭代并细化该模型

在后面的用例建模过程中，对用例中的事件流进行文本分析，寻找系统候选对象，并修改现有的对象模型。

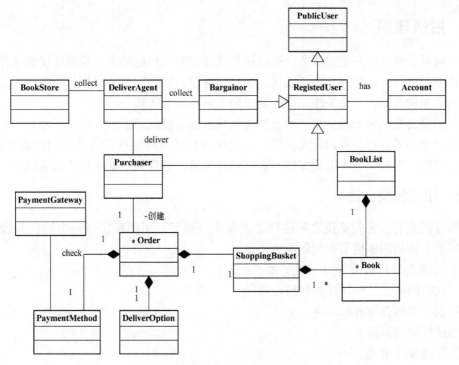

图 12-4　对象模型

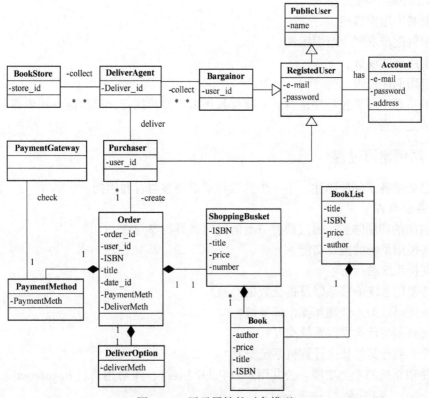

图 12-5　展示属性的对象模型

12.2 用例建模

在面向对象的软件开发过程中,通过用例建模捕捉用户的需求。用例建模是从外部视角描述软件系统的行为。用例描述系统做什么而不是如何做,因此,用例分析是观察系统的外部表现而不是内部结构,是关注系统的需求而不是系统的实现。

用例图使得系统分析师从用户的角度去发现目标系统的需求。如果分析师在系统开发的早期阶段对用例图进行分析和研究,那么,设计的目标系统更有可能符合用户需求。此外,分析师以用例图为中介,可以更好地与客户进行沟通,更准确地获取用户的需求。

12.2.1 用例建模方法

用例分析之前,首先要获取问题陈述或者业务模型。用例建模是一个迭代和增量的过程,包括开发初始用例模型和用例模型细化。

(1) 开发初始用例模型的一般步骤

- 开发问题陈述（领域建模时已经获得）。
- 识别主要的参与者和用例。
- 创建初始用例图。
- 简要地描述用例。
- 使用文本分析来识别/提取候选类（补充的候选类）。

(2) 用例模型细化的步骤

- 开发基本用例描述。
- 对用例逐步求精、组织用例。
- 开发用例的场景。
- 确定用例优先级。

上面的步骤不需要按顺序进行。一些步骤还可以并行执行,而其他一些步骤可能在另一个步骤完成之后再次进行。

12.2.2 用例建模过程

前面已经准备了问题陈述,下一步的工作是识别参与者和用例。

1. 识别参与者

结合前面的问题陈述,通过回答下面的问题来寻找参与者。

- 谁将使用系统的主要功能?
- 谁支持系统的运行?
- 谁将使用系统的结果以及提交数据?
- 谁将需要维护、管理和操作该系统?
- 系统必须与什么硬件系统交互?
- 系统必须与其他什么计算机系统交互?

谁将使用系统的主要功能:公共用户（PublicUser）、注册用户（RegisteredUser）、出售者（Bargainor）、购买者（Purchaser）。

谁的日常工作将需要系统的支持:公共用户（PublicUser）、注册用户（RegisteredUser）。

谁将使用系统的结果以及提交数据：运送代理商（DeliverAgent）。

谁来维护和管理系统：系统管理员（Administrator）。

系统必须与其他什么系统交互：外部支付网关（PaymentGateway）。

因此主要的参与者包括：公共用户（PublicUser）、注册用户（RegisteredUser）、出售者（Bargainor）、购买者（Purchaser）、系统管理员（Administrator）、运送代理商（CarryAgent）、外部支付网关（PaymentGateway）

其中，注册用户包括：购买者和出售者。下面，对每个参与者进行简要的描述，见表 12-7。

表 12-7　参与者的简要描述

参 与 者	任务和职能描述
公共用户	公共用户（PublicUser）通过浏览器搜索书籍，浏览书籍列表，还可以注册为注册用户
注册用户	注册用户可以搜索书籍，登录系统
购买者	可以搜索书籍，登录系统，购买书籍
出售者	可以搜索书籍，登录系统，出售旧书
运送代理商	运送代理商负责收集书籍并将书籍交付给购买者
支付网关	检验用户信用卡信息是否有效，并根据书籍价格、数量和选择的运送选项，计算支付金额
运送代理商	从系统（System）那里收到送货单（Order）后，收集书籍，把书送到购买者（Purchaser）那里
系统管理员	管理书籍信息，管理用户信息，接收订单，生成送货单，查看订单状态，发送运送请求，发送交付请求，更新出售者的账户

2. 识别用例

寻找用例是一个迭代过程。这个过程通常从采访用户（参与者）开始，这些用户直接或者间接地与系统交互。系统分析师需要记录每个参与者描述业务活动的场景，每个描述可能是一个候选用例。分析师对每个参与者询问以下问题：

- 每个参与者要完成的主要任务是什么？
- 参与者使用本系统想要实现什么目标？
- 系统要操作和处理什么数据？
- 系统要解决什么问题？
- 当前系统主要存在什么问题？
- 未来系统如何能够简化用户的工作？

分析师记录每个参与者回答的问题并整理成候选用例。通过以上方法整理出的用例见表 12-8。

表 12-8　候选用例

参 与 者	用 例	用 例 说 明
公共用户（PublicUser）	搜索书籍	
	用户注册	
注册用户（RegisteredUser）	用户登录	

（续）

参 与 者	用 例	用 例 说 明
	搜索书籍	
购买者（Purchaser）	用户登录	
	搜索书籍	
	选购书籍	添加购物篮
	选择运送选项	
	选择支付方式	
	生成订单	
出售者（Bargainor）	用户登录	
	搜索书籍	
	出售旧书	
运送代理商（DeliverAgent）	收集书籍	该用例不属于本系统
	发送书籍	该用例不属于本系统
支付网关（PaymentGateway）	计算支付金额	该用例不属于本系统
系统管理员（Administrator）	管理书籍	
	管理用户	
	管理订单	
	查看订单状态	
	生成送货单	
	运送请求	
	交付请求	
	更新用户账户	

3. 画出初始用例模型

（1）公共用户（PublicUser，见图 12-6）

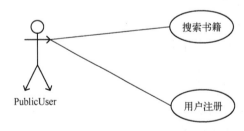

图 12-6　PublicUser 使用的用例

（2）注册用户（RegisteredUser，见图 12-7）

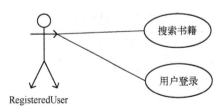

图 12-7　RegisteredUser 使用的用例

（3）购买者（Purchaser，见图 12-8）

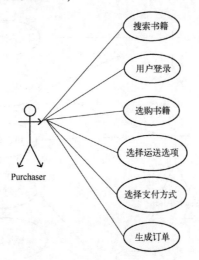

图 12-8 Purchaser 使用的用例

（4）出售者（Bargainor，见图 12-9）

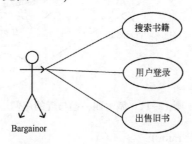

图 12-9 Bargainor 使用的用例

把图 12-7、图 12-8、图 12-9 进行合并，得到图 12-10。

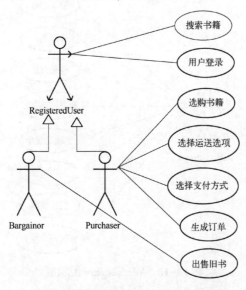

图 12-10 注册用户和参与者的用例

合并图 12-6、图 12-10 得到图 12-11。

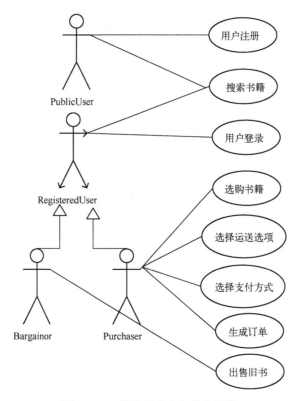

图 12-11　展示四种参与者的用例

（5）系统管理员（Administrator）

系统管理员的职责通过用例表示如图 12-12 所示。

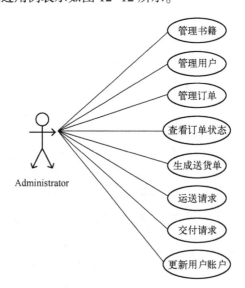

图 12-12　Administrator 的职责

（6）网上书店的初始用例模型

合并图 12-11、图 12-12 得到网上书店系统的初始用例图，如图 12-13 所示。

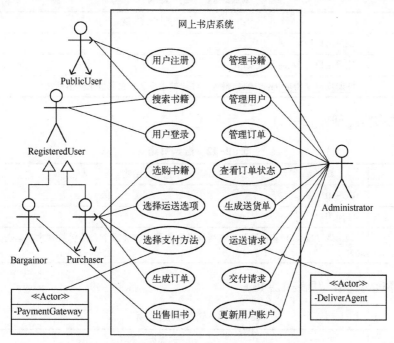

图 12-13　网上书店系统的初始用例图

支付网关（PaymentGateway）和运送代理商（DeliverAgent）都是支持网上书店的外部参与者，支付网关的职责是检验信用卡的有效性和计算书籍支付金额；运送代理商是收集书籍，并将书籍交给购买者。

4. 编写用例概要描述

（1）用户注册（见表 12-9）

表 12-9　用户注册

用 例 名 称	用 户 注 册
用例 ID	UC-100
参与者	公共用户（PublicUser）
简要描述	公共用户通过在网上注册系统，输入唯一的用户名和密码成为系统的注册用户

（2）搜索书籍（见表 12-10）

表 12-10　搜索书籍

用 例 名 称	搜 索 书 籍
用例 ID	UC-101
参与者	公共用户、注册用户
简要描述	公共用户和注册用户可以通过输入关键字搜索书籍，关键字是书籍名称、作者、新书价格和旧书的价格范围。系统显示匹配关键字的书籍列表。书籍列表的每项均由书籍名称、作者、新书价格和旧书的价格范围组成。用户可以从列表中选取一本书以显示该书更加详细的信息（可用性、新书价格、旧书价格、内容列表、作者和 ISBN 码）。用户还可以将该书的一个副本（新书或者旧书）添加到购物篮中

171

（3）用户登录（见表 12-11）

表 12-11　用户登录

用 例 名 称	用 户 登 录
用例 ID	UC-102
参与者	注册用户（RegisteredUser）
简要描述	注册用户（RegisteredUser）输入已注册的用户名和密码登录到本网站

（4）选购书籍（见表 12-12）

表 12-12　选购书籍

用 例 名 称	选 购 书 籍
用例 ID	UC-103
参与者	注册用户
简要描述	购买者（buyer）将要购买的书籍放进购物篮中，选择个人的付款方式和运送方式，即购买到此为止

（5）选择运送选项（见表 12-13）

表 12-13　选择运送选项

用 例 名 称	选择运送选项
用例 ID	UC-104
参与者	注册用户
描述	注册用户登录系统后，搜索想要购买的书籍，查看书籍的信息，把想购买的书籍添加到购物篮，并且选择运送方式

（6）选择支付方式（见表 12-14）

表 12-14　选择支付方式

用 例 名 称	选择支付方式
用例 ID	UC-105
参与者	注册用户
简要描述	注册用户选择运送方式后，必须选择支付方式，支付方式包括：信用卡支付和用户账户（Account）支付

（7）生成订单（见表 12-15）

表 12-15　生成订单

用 例 名 称	生 成 订 单
用例 ID	UC-106
参与者	注册用户
描述	注册用户选择了运送方式、支付方式，并向购物篮中添加了要购买的书籍后，生成用户订单，该订单包括：订单号，用户名，书号，书名，数量，书籍新旧状态，运送方式，支付方式等

（8）出售旧书（见表 12-16）

表 12-16　出售旧书

用例名称	出售旧书
用例 ID	UC-107
参与者	注册用户
简要描述	如果注册用户有旧书要发售，系统将要求该用户输入书的价格、书的一般性状况，这些信息将在网站上发布

（9）管理书籍（见表 12-17）

表 12-17　管理书籍

用例	管理书籍
用例 ID	UC-108
参与者	系统管理员
描述	系统管理员对库存中的书籍信息进行管理，比如书籍的详细信息、数量、新购买的书籍等

（10）管理用户（见表 12-18）

表 12-18　管理用户

用例	管理用户
用例 ID	UC-109
参与者	系统管理员
描述	系统管理员可以查看用户列表，当输入一个注册用户的 ID 后，可以查看该注册用户的注册时间，注册电子邮件地址，家庭地址，用户账户所剩余额，以往订购书籍情况，出售书籍情况和最近订购书籍情况等

（11）管理订单（见表 12-19）

表 12-19　管理订单

用例	管理订单
用例 ID	UC-110
参与者	系统管理员
描述	系统管理员对所有购买者的订单进行管理，根据订购的书籍情况，将一个订单分拆成多个送货单，并跟踪订单的执行情况。如是否已支付了金额，一个订单分拆成的多个送货单完成情况

（12）查看订单状态（见表 12-20）

表 12-20　查看订单状态

用例	查看订单状态
用例 ID	UC-111
参与者	系统管理员
描述	系统管理员输入注册用户的 ID，系统显示该注册用户的订单状态，如一个用户如果有多个订单，可以查看哪些订单已经交付，哪些订单还没有交付，一个订单若分拆成几个送货单，则可以查询送货单的执行情况

（13）生成送货单（见表 12-21）

用例	生成送货单
用例 ID	UC-112
参与者	系统管理员
描述	如果一个订单中的书籍由多个书店或出售者提供，那么，系统管理员必须将一个订单分拆为多个送货单

（14）运送请求（见表 12-22）

表 12-22　运送请求

用例	运送请求
用例 ID	UC-113
参与者	系统管理员
描述	当注册用户把需要购买的书籍放进购物篮，以及选择了运送选项和支付途径，成功支付之后，系统管理员将通过系统通知某个运送代理商负责运送书籍。购买者若是订购新书，则请求运送代理商从书店收集；若是旧书，则请求运送代理商从出售者那里收集

（15）交付请求（见表 12-23）

表 12-23　交付请求

用例	交付请求
用例 ID	UC-114
参与者	系统管理员
描述	如果注册用户订购的是旧书籍，则系统管理员将通过系统给出售者发送交付请求；并告诉出售者，将有运送代理商从他那里收集书籍

（16）更新用户账户（见表 12-24）

表 12-24　更新用户账户

用例	更新用户账户
用例 ID	UC-115
参与者	系统管理员
描述	当运送代理商给系统发送消息，表明运送已经完成，并且送货单中有旧书，系统将更新出售者的客户账户，将旧书价格减去服务费用之差存入到出售者的账户中

5. 进行文本分析、识别候选对象、对领域模型进行修订

我们把在问题陈述中识别的候选对象称为领域候选对象。当找出了初始用例，有了用例的概要描述后，可以在用例描述中识别候选对象。把在用例描述中识别的候选对象称为系统候选对象。

采用文本分析法分析上面的 16 个用例描述后，发现"生成送货单"用例和"运送请求"用例的描述中，出现了一个系统候选对象：送货单（DeliverOrder）。应该把这个候选对象加入到图 12-5 的对象模型中，并修正图 12-5 所示对象模型，得到图 12-14 的对象模型。

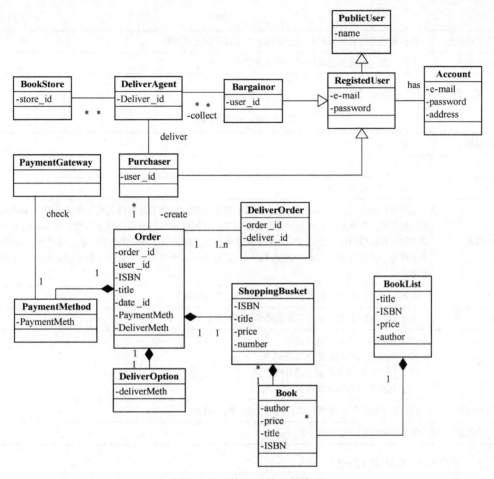

图 12-14　修正后的对象模型

图 12-14 说明，一个订单（Order）可以拆分为多个送货单（DeliverOrder）。

6. 开发基本用例描述

（1）用户注册（见表 12-25）

表 12-25 用户注册

用例名称	用户注册
用例 ID	UC-100
参与者	公共用户
简要描述	公共用户通过在网上注册系统成为注册用户
前件	公共用户打开网页浏览器，进入书店系统主页
后件	注册后的账号保存到系统数据库中
事件流	（1）客户打开 IE 连接到本网站的主页 （2）点击注册连接 （3）填写相关用户名、密码等基本信息 （4）确认信息提交 （5）通过邮箱或其他确认 （6）注册成功，登录修改完善其他信息

（续）

其他流和例外	在修改信息时，可以随时停止，以后完善注册信息也可以
非行为需求	系统每天应该能够处理新用户的注册信息

（2）搜索书籍（见表 12-26）

表 12-26　搜索书籍

用例名称	搜索书籍
用例 ID	UC-101
参与者	公共用户、注册用户
简要描述	公共用户和注册用户可以通过输入关键字搜索书籍，关键字是书籍名称、作者、新书价格和旧书的价格范围。系统显示匹配关键字的书籍列表。书籍列表的每项均由书籍名称、作者、新书价格和旧书的价格范围组成。用户可以从列表中选取一本书以显示该书更详细的信息（可用性、新书价格、旧书价格、内容列表、作者和 ISBN 码）。用户还可以将该书的一个副本（新书或者旧书）添加到购物篮中
前件	关键字是书籍名称、作者、新书价格和旧书的价格范围
后件	显示更详细的书信息或者书被购物者添加到购物篮中
事件流	（1）用户输入关键字进行搜索 （2）系统向用户列出相应书籍列表 （3）用户可以点击查看书的详细信息 （4）用户将书添加到购物篮中
其他和例外	用户对书的列表不满意，放弃当前操作，继续搜索
非行为需求	搜索等待时间不能超过 1 秒（s）

（3）用户登录（见表 12-27）

表 12-27　用户登录

用例名称	用户登录
用例 ID	UC-102
参与者	注册用户（RegisteredClient）
简要描述	注册用户（RegisteredClient）输入已注册的用户名和密码登录到本网站
前件	进入系统主页
后件	登录成功
事件流	（1）用户打开本网站，打开登录页面 （2）用户输入用户名和密码 （3）用户登录 （4）登录成功
其他流和例外	在登录时，可以随时停止，以后再登录
非行为需求	系统每天应该能够处理用户登录验证
问题	用户是否是合法用户，输入用户名和密码是否有效
来源	用户信息表

（4）选购书籍（见表 12-28）

表 12-28　选购书籍

用例名称	选购书籍
用例 ID	UC-103
参与者	注册用户
简要描述	自系统（System）向用户（Client）列出关键字匹配的书籍后，购买者（Purchaser）将要购买的书籍放进购物篮中，注册用户（RegisteredClient）登录结账，选择个人的付款方式和运送方式，即购买到此为止
前件	购买者必须有账号
后件	创建的订单保存到系统库中
事件流	（1）购买者登录账户 （2）购买者搜索要购买的图书 （3）将要购买的书籍放入购物篮 （4）购买者选择付款方式和运送方式 （5）购买者提交订单
其他和例外	购买者可以在规定时间内取消订单
非行为需求	系统能够并发处理来自各地的订单

（5）选择运送选项（见表 12-29）

表 12-29　选择运送选项

用例名称	选择运送选项
用例 ID	UC-104
参与者	注册用户
描述	注册用户登录系统后，搜索想要购买的书籍，查看书籍的信息，把想购买的书籍添加到购物篮，并且选择运送方式
前件	书籍已经放入购物篮
后件	确定运送方式
事件流	（1）选择运送方式 （2）确定运送方式
其他和例外	可以重新选择运送方式
非行为需求	

（6）选择支付方式（见表 12-30）

表 12-30　选择支付方式

用例名称	选择支付方式
用例 ID	UC-105
参与者	注册用户
简要描述	注册用户选择运送方式后，必须选择支付方式，支付方式包括：信用卡支付和用户账户（Account）支付

前件	用户已经选择运送选项
后件	通过客户选择的支付途径创建订单
事件流	（1）选择信用卡支付的用户输入信用卡的信息 （2）系统将信用卡信息和支付的金额发送到外部的支付网关 （3）外部网关计算支付金额，批准交易 （4）选择用户账户支付且有足够的余额，系统从账户中收费 （5）完成支付后，生成订单
其他流和例外	如果信用卡或者用户账户中没有足够的余额，支付失败，交易失败

（7）生成订单（见表 12-31）

表 12-31　生成订单

用例名称	生成订单
用例 ID	UC-106
参与者	注册用户
描述	注册用户选择了运送方式、支付方式，并向购物篮中添加了要购买的书籍后，生成用户订单，该订单包括：订单号，用户名，书号，书名，数量，书籍新旧状态，运送方式，支付方式等
前件	用户已经完成费用支付
后件	购买者创建订单，并保存到系统中
事件流	（1）确认购买的书籍无误 （2）提交订单 （3）完成购买
其他流和例外	可以取消和删除订单，或者重新创建订单

（8）出售旧书（见表 12-32）

表 12-32　出售旧书

用例名称	出售旧书
用例 ID	UC-107
参与者	注册用户
简要描述	如果注册用户有旧书要发售，系统将要求该用户输入书的价格、书的一般性状况，这些信息将在网站上发布
前件	该用户必须在本系统中注册
后件	注册用户输入旧书的销售价格和一般性状况，并保存在系统中
事件流	（1）用户将要出售的旧书贴出 （2）系统要求用户输入价格和该旧书的一般性状况 （3）系统进一步要求用户输入电子邮件和用户账户口令
其他流和例外	如果用户没有用户账户，该用户必须先创建一个新的账户

（9）管理书籍（见表 12-33）

表 12-33 管理书籍

用例	管理书籍
用例 ID	UC-108
参与者	系统管理员
描述	系统管理员对库存中的书籍信息进行管理，比如书籍的详细信息、数量、新购买的书籍等
前件	登录管理系统
后件	更新书籍信息
事件流	（1）如果书籍的信息有改动，及时更新该书籍的信息 （2）更新旧书发售的最新变动
其他流和例外	

（10）管理用户（见表 12-34）

表 12-34 管理用户

用例	管理用户
用例 ID	UC-109
参与者	系统管理员
描述	系统管理员可以查看用户列表，当输入一个注册用户的 ID 后，可以查看该注册用户的注册时间，注册电子邮件地址，家庭地址，用户账户所剩余额，以往订购书籍情况，出售书籍情况和最近订购书籍情况等
前件	登录管理系统
后件	更新注册用户信息
事件流	（1）如果用户的信息有改动，及时更新该用户的信息 （2）如果用户账户有变动，要及时更新账户信息
其他流和例外	清理垃圾用户

（11）管理订单（见表 12-35）

表 12-35 管理订单

用例	管理订单
用例 ID	UC-110
参与者	系统管理员
描述	系统管理员对所有购买者的订单进行管理，根据订购的书籍情况，将一个订单分拆成多个送货单，并跟踪订单的执行情况。如是否已支付了金额，一个订单分拆成的多个送货单的完成情况
前件	登录管理系统
后件	整理出已付款订单、未付款订单、已完成交易的订单
事件流	（1）标识出未支付书籍费用的订单 （2）标识出已支付书籍费用的订单 （3）标识出已完成交易的订单 （4）标识出已支付费用，还未完成交易的订单
其他流和例外	

（12）查看订单状态（见表12-36）

表12-36　查看订单状态

用例	查看订单状态
用例 ID	UC-111
参与者	系统管理员，购买者
描述	系统管理员输入注册用户的 ID，系统显示该注册用户的订单状态，如一个用户如果有多个订单，可以查看哪些订单已经交付，哪些订单还没有交付；一个订单若分拆成几个送货单，则可以查询送货单的执行情况
前件	登录系统
后件	系统显示订单的付款情况，送货情况
事件流	（1）登录系统 （2）输入订单标识号（id） （3）系统列出订单交易情况表
其他流和例外	

（13）生成送货单（见表12-37）

表12-37　生成送货单

用例	生成送货单
用例 ID	UC-112
参与者	系统管理员
描述	如果一个订单中的书籍由多个书店或出售者提供，那么，系统管理员必须将一个订单分拆为多个送货单
前件	登录系统
后件	将完成支付的订单生成多张送货单
事件流	（1）登录系统 （2）筛选出已经支付费用的订单 （3）根据订单中的书籍情况（新书，旧书），数量，将一个订单生成多个送货单
其他流和例外	

（14）运送请求（见表12-38）

表12-38　运送请求

用例	运送请求
用例 ID	UC-113
参与者	系统管理员
描述	当注册用户把需要购买的书籍放进购物篮，以及选择了运送选项和支付途径，成功支付之后，系统管理员将通过系统通知某个运送代理商负责运送书籍。购买者若是订购新书，则请求运送代理商从书店收集；若是旧书，则请求运送代理商从出售者那里收集
前件	购买者已成功支付，送货单已生成
后件	送货请求（新书请求在书店收集，旧书从出售者那里收集）和送货单发给运送代理商
事件流	（1）找出送货单 （2）查看送货单中的书籍是新书还是旧书，据此得到请求信号：如果是新书，则给运送代理商发送的请求信号是：从书店收集；如果是旧书，则给运送代理商的请求信号是：从出售者那里收集 （3）如果是旧书，系统给出售者发送的交付信号是：把旧书交给运送代理商 （4）运送代理商收集书籍后并将书籍运送到购买者手中
其他流和例外	在任何时刻，系统管理员能够决定暂停发送请求的操作或者修改具体是哪个运送代理商负责运送。

（15）交付请求（见表 12-39）

表 12-39　交付请求

用例	交付请求
用例 ID	UC-114
参与者	系统管理员
描述	如果注册用户订购的是旧书籍，则系统管理员将通过系统给出售者发送交付请求：告诉出售者，将有运送代理商从他那里收集书籍
前件	购买者已订购旧书籍并且已成功支付
后件	系统给出售者发送交付请求，旧书交给运送代理商
事件流	（1）系统管理员找出是购买旧书的送货单 （2）系统给出售旧书籍的出售者发送交付请求信号：把旧书交给运送代理商
其他流和例外	系统管理员能够决定暂停交付请求的操作并在以后重新处理

（16）更新用户账户（见表 12-40）

表 12-40　更新用户账户

用例	更新用户账户
用例 ID	UC-115
参与者	系统管理员
描述	当运送代理商给系统发送消息，表明运送已经完成，并且送货单中有旧书，系统将更新出售者的用户账户，将旧书价格减去服务费用之差存入到出售者的账户中
前件	系统收到书籍已经送达给购买者，同时是旧书
后件	系统更新出售者账户
事件流	（1）系统管理员根据运送代理商发来的表明运送已经完成的信息，查看出售者的详细信息 （2）系统管理员通过系统将旧书价格减去服务费用之差存入到出售者的客户金额中
其他流和例外	

　　当完成了以上 16 个用例的编写后，我们与购买者、出售者、运送代理商、系统管理员进行沟通后，发现遗漏了三个用例：查看书籍详细信息、账户支付和信用卡支付。下面是这三个用例的基本描述。

（1）查看书籍详细信息（见表 12-41）

表 12-41　查看书籍详细信息

用例名称	查看书籍详细信息
用例 ID	UC-116
参与者	注册用户，公共用户
简要描述	公共用户和注册用户通过关键字搜索书籍后，系统显示书籍列表，用户可以在书籍列表中选取一本书，并查看它的详细信息
前件	用户从书籍列表中选取一本书
后件	系统显示书籍的详细信息
事件流	1）进入系统主页 2）按关键字搜索书籍 3）系统列出书籍列表 4）用户从列表中选取一本书 5）系统列出书籍的详细信息

（2）账户支付（见表 12-42）

表 12-42　账户支付

用例	账户支付
用例 ID	UC-117
参与者	无
描述	当购买者选择账户支付后，系统计算书籍费用的总和，从用户的账户中扣除这笔费用
前件	购买者选择了账户支付
后件	系统更新购买者账户
事件流	（1）计算购买的书籍总费用 （2）从用户账户中减去书籍总费用
其他流和例外	账户费用不够时，提示账户支付失败，要求用户重新选择支付方式

（3）信用卡支付（见表 12-43）

表 12-43　信用卡支付

用例	信用卡支付
用例 ID	UC-18
参与者	无
描述	当购买者选择信用卡支付后，系统要求用户输入信用卡的卡号、类型、过期时间，系统将信用卡信息，要支付的书籍金额发送给外部网关，由银行扣费
前件	购买者选择了信用卡支付
后件	通过网关，从用户在银行的信用卡上扣费
事件流	（1）计算购买的书籍总费用 （2）从用户信用卡上减去书籍总费用
其他流和例外	信用卡无效，或信用卡上金额不足时，信用卡支付失败，系统要求用户重新选择支付方式

7. 细化基本用例描述并确定用例之间的关系

很明显，"查看书籍详细信息"是"搜索书籍"的扩展用例；"账户支付"和"信用卡支付"是"选择支付方式"的扩展用例。

我们对图 12-13 进行修正，得到图 12-15 的结构化用例图，该图反映了用例之间的关系。

8. 开发实例场景

用例是对一组场景共同行为的描述，场景是用例的一次具体执行。即场景是用例的实例。有时，为了更好地理解用例，了解用例的细节，我们必须为一个用例创建多个场景，通过场景来分析用例。场景还可以作为测试案例。

下面我们为某些用例创建场景。

（1）用户注册场景（见表 12-44）

表 12-44　用户注册场景

用例名称	用户注册
环境情况与假设	公共用户有希望通过网站购买想要的书籍
输入	唯一的用户名和密码，填写个人基本信息
事件流	1）公共用户进入注册界面 2）在相关表单上填写用户名、密码和个人基本信息 3）确认个人基本信息 4）提交个人基本信息
输出	个人基本信息

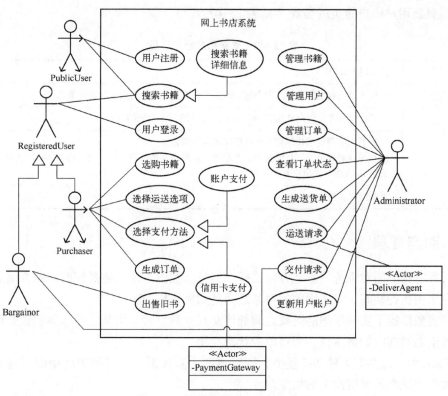

图 12-15　反映用例关系的用例图

（2）搜索书籍场景（见表 12-45）

表 12-45　搜索书籍场景

用例名称	搜索书籍
环境情况与假设	用户进入系统主页
输入	输入书籍关键字之一：书籍名称、作者、新书价格
事件流	1）进入系统主页 2）进入书籍搜索界面 3）输入关键字 4）点击搜索按钮
输出	显示书籍列表

（3）选购书籍的实例场景（见表 12-46）

表 12-46　选购书籍场景

用例名称	选购书籍
环境情况与假设	用户想要购买书籍
输入	用户名和密码
事件流	1）注册用户登录系统 2）在搜索栏中输入关键字搜索书籍 3）系统显示书籍列表 4）选择将需要的书籍放入购物篮
输出	需要的书籍保存在购物篮

（4）更新用户账户的实例场景（见表 12-47）

表 12-47　更新用户账户场景

用例名称	更新用户账户
环境情况和假设	用户 A 已经收到所购买的旧书籍，运送代理商向系统发出交易完成的消息
输入	系统收到旧书（用户 B 出售的旧书）已送给用户 A 手中的消息
事件流描述	（1）系统收到运送代理商发来的已完成运送消息 （2）系统管理员通过系统更新旧书籍所有者用户 B 的账户，把旧书价格 15 块减去服务费用 1 块，结果为 14 块存入到用户 B 的账户中
输出	更新用户 B 的账户

12.3　动态建模

分析师通过类图对系统的静态方面建模。但是，类图不能描述系统的动态方面的任何信息，如在用例执行期间，实现用例的对象之间是如何协作的呢？

动态模型描述了实现用例的对象之间如何交互、参与者与用例之间如何实现通信，以及对象在其生命周期内如何演变，即对象的状态变化。

在 UML 中，总共有 4 种动态模型，即顺序图、协作图、状态图和活动图。这 4 种模型提供了关于系统在不同层次上的抽象。

12.3.1　动态建模方法

动态建模首先从开发用例场景（用顺序图来描述场景）开始，第二步采用迭代和增量的方式进行细化。在这个过程中，还有可能为那些具有复杂内部状态转换的对象开发状态图。

在开发系统动态模型的过程中一般采用以下步骤：

1）开发用例场景。
2）开发系统级顺序图。
3）开发子系统级顺序图（简单系统可选）。
4）开发子系统级状态图（简单系统可选）。
5）开发三层顺序图。
6）开发三层协作图（可选）。
7）为每个主动（控制）对象开发状态图。

12.3.2　动态建模过程

在前面的用例建模实例中，网上购书任务是由多个用例协作来实现的，即由用户登录→搜索书籍→选购书籍→选择运送途径→选择支付方式→生成订单→生成送货单→运送请求 8 个用例来完成购书。在本节，为了建立系统级顺序图，编写了一个粒度大的用例：购书用例。

购书用例的基本描述见表 12-48。

表 12-48　购书用例描述

用例名称	购书
用例 ID	UC-200
参与者	购买者
简要描述	购买者（Purchaser）登录系统后，将要购买的书籍放进购物篮中，然后选择运送途径、支付方式、生成订单、等待代理商送货上门
前件	购买者必须有账号，或者信用卡
后件	创建的订单保存到系统库中
事件流	（1）购买者登录账户 （2）购买者搜索要购买的书籍 （3）将要购买的书籍放入购物篮 （4）选择运送方式 （5）选择支付方式，支付费用 （6）系统生成订单 （7）用户确认订单 （8）系统将书籍送给购买者
其他和例外	购买者可以在规定时间内取消订单
非行为需求	系统能够并发处理来自各地的订单

1. 开发用例场景

"购书"用例有多条执行路径，在这里，只为主场景编写事件流。在编写事件流时，只关注参与者（购买者）与用例（把网上书店看成一个用例）交互的步骤，只描述购买者看得见的行为，参与者不可见的行为就不要描述，例如，账户验证对于购买者是不可见的，就不要描述了。下面是"购书"用例的主场景的事件流（见表 12-49）。

表 12-49　购书用例主场景事件流

事件流
（1）用户点击系统登录界面 （2）系统提示用户输入用户名和密码 （3）用户输入用户名和密码 （4）系统提示用户选择服务 （5）用户选择搜索书籍 （6）系统提示输入关键字搜索书籍 （7）用户输入关键字 （8）系统列出相关书籍信息 （9）用户将要购买的书籍副本添加到购物篮中，此步骤重复执行，直到用户满意 （10）系统提示用户选择运送选项 （11）用户选择运送选项 （12）系统提示用户选择支付途径 （13）用户选择支付途径（信用卡支付，账户支付） （14）系统提示支付成功，并生成订单 （15）用户确认订单 （16）系统将书籍送给用户

2. 开发系统级顺序图

根据表 12-49，在这里筛选出参与者输入事件－系统响应事件，如表 12-50 所示。

表 12-50　参与者输入事件－系统响应事件

用户输入事件	系统响应事件
	系统提示用户输入账号
用户输入账号	
	系统提示用户选择服务
用户选择搜索书籍	
	系统提示输入搜索关键字
用户输入关键字	
	系统列出相关书籍
用户将书籍副本放入购物篮	
	系统提示用户选择运送方式
用户选择运送选项	
	系统提示用户选择支付方式
用户选择支付方式	
	系统提示支付成功并生成订单
用户确认订单	
	系统将书籍送给用户

现在可以将表 12-50 映射为图 12-16 的系统级顺序图。

3. 开发子系统级顺序图

在前面用例建模中，已经知道购买书籍的行为需要支付网关和运送代理商支持，因此，网上购书系统涉及三个子系统：网上书店系统、支付网关和代理商的物流系统。

现在来寻找子系统之间的消息交互，进一步细化系统级顺序图。在寻找子系统之间的消息交互时，首先对购书活动进行建模。

（1）购书活动图

购书活动图，如图 12-17 所示。

（2）对系统级消息进行细化

对于表 12-50 中的每一对"参与者输入/系统响应"进行细化，通过回答下面的问题，找出子系统之间的消息交互。

- 哪个子系统为参与者提供界面？
- 哪个子系统接收消息，然后如何处理消息？
- 子系统需要其他子系统的帮助吗？如何帮助呢？

对表 12-50 进行细化，得到各子系统之间的响应事件列表，见表 12-51。

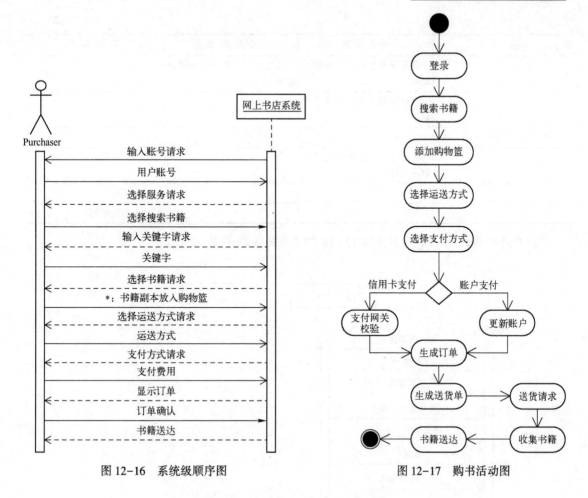

图 12-16　系统级顺序图　　　　　图 12-17　购书活动图

表 12-51　子系统之间的响应事件列表

用　户	书店系统	支 付 网 关	物 流 系 统
	提示用户输入账号		
输入账号			
	提示用户选择服务		
选择搜索书籍			
	提示输入关键字		
用户输入关键字			
	列出相关书籍		
将书籍副本放入购物篮			
	提示用户选择运送方式		
用户选择运送选项			
	系统提示用户选择支付方式		
账户支付或信用卡支付			

（续）

用　　户	书 店 系 统	支 付 网 关	物 流 系 统
	若是账户支付，则系统更新账户	若是信用卡支付，则网关扣费	
	系统提示支付成功并生成订单		
用户确认订单			
	生成送货单，向物流系统请求送货		
			收集书籍
			将书籍送给用户

现在可以将表 12-51 映射为图 12-18 的子系统级顺序图。

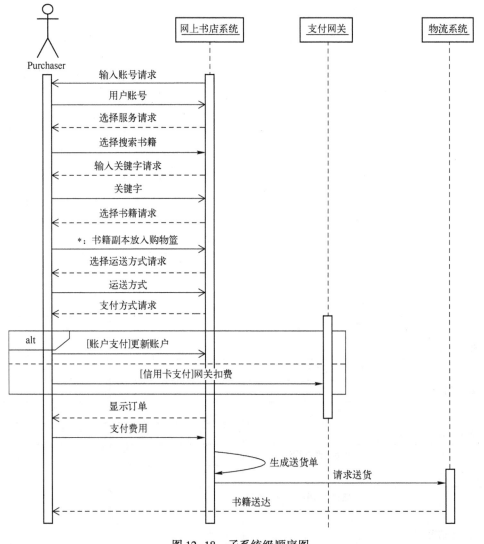

图 12-18　子系统级顺序图

4. 开发第三层顺序图

上面已经开发出子系统级顺序图，现在要通过分析对象之间发送的消息来识别边界对象、控制对象和实体对象。例如，消息"用户登录"从用户发送到网上书店，意味着网上书店应该提供一个界面（界面是边界对象），以便用户输入账号；网上书店还必须提供一个控制对象，该对象读取账号，并验证账号是否有效（验证账号的对象：AccountVeri）。用户支付成功后，还应该有一个订单处理器，该处理器的职责是：创建订单、将订单拆分成送货单。

通过分析"购书"活动图后，得到第三级顺序图如图 12-19 所示。

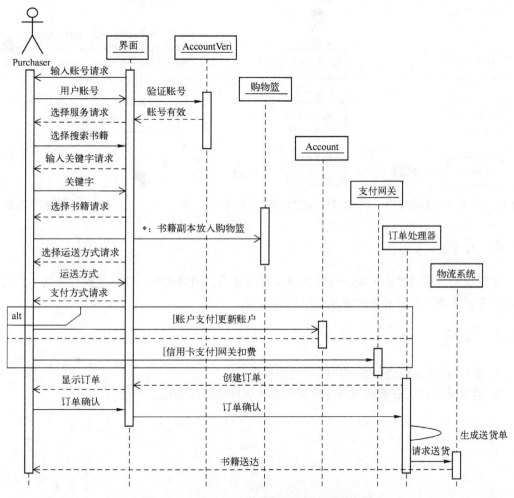

图 12-19 "购书"用例实现的第三层顺序图

5. 开发状态图

识别对象的状态图变化非常重要，它有助于更加容易地实现系统，因为状态图可以很容易地翻译成程序代码。下面给出网上书店系统购买者的状态图和信用卡的状态图。

（1）购买者的状态图

购买者的状态变化，如图 12-20 所示。

（2）送货代理商的状态图

送货代理商的状态变化，如图 12-21 所示。

（3） AccountVeri 对象的状态图

AccountVeri 对象是控制对象，其状态变化如图 12-22 所示。

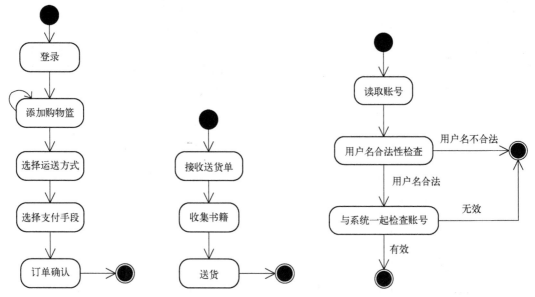

图 12-20　购买者的状态图　图 12-21　送货代理商的状态图　图 12-22　AccountVeri 对象的状态图

12.4　小结

本章以网上书店系统为例，详细介绍了领域建模、用例建模、动态建模的方法、启发性规则、建模步骤、分析和迭代方法、原理和过程。

12.5　习题

1. 请对 ATM 系统进行领域建模和用例建模。
2. 请对某公司工资管理系统进行领域建模、用例建模和动态建模。

第 13 章
气象监测系统建模

本章用 RUP 方法对气象监测系统进行增量和迭代分析，本例详细演示了 RUP 开发过程、类设计过程、迭代和增量方法、建模方法。读者可以模仿本例来开发自己的系统。

本章要点

初始阶段：建立初始用例模型、初始领域模型。

细化阶段：验证初始用例模型、修改领域模型。

构造阶段：引入概念类、实现类，对领域模型进行迭代，得到设计模型。

交付阶段：将设计类映射为代码。

学习目标

熟悉 RUP 统一过程开发方法，用迭代和增量方法开发软件系统。

13.1 初始阶段

气象监测系统由少数的几个类构成。通过面向对象的开发方法，演示 RUP 统一过程的基本原则，增量和迭代方法，系统分析、设计、建模方法。

13.1.1 气象监测站需求

本系统通过传感器实现各种气象条件的自动采样、检测。要采样和测量的数据如下：

- 风速和风向。
- 温度。
- 气压。
- 湿度。

系统应该提供一个设置当前时间和日期的方法，以便报告过去 24 小时内的 4 种主要测量数据的最高值和最低值。

同时，系统还应通过上面的数据导出下面的数据：

- 风冷度。
- 露点温度。
- 温度趋势。
- 气压趋势。

系统还应该提供一个显示屏，每隔一个时间段，刷新上面 8 个主要数据，同时显示当前的日期和时间。用户可以通过键盘选择某一个主要测量指标（如温度、湿度），让系统显示该测量指标在 24 小时内的最高值和最低值，以及出现这些值的时间。

系统应该允许用户根据已知值来校正传感器，并允许用户设置当前的时间和日期。

13.1.2 定义问题的边界

下面确定系统的硬件平台和要求。在对软件系统进行分析和设计之前，首先必须确定硬件平台，可以做以下假定：

- 处理器（即 CPU）采用 PC 或手持设备。
- 时间和日期由一个时钟提供。
- 通过远端的传感器来测量温度、气压和湿度。
- 用一个带有风向标（能感知 16 个方向中任意方向的风）和一些风杯（进行计数的计数器）的标柱测量风向和风速。
- 通过键盘提供用户输入。
- 显示器是一个 LCD 图形设备。
- 计算机每 1/60 秒（s）产生一次定时器中断。

图 13-1 展示了这个硬件平台的部署图，这是分析阶段的部署图。

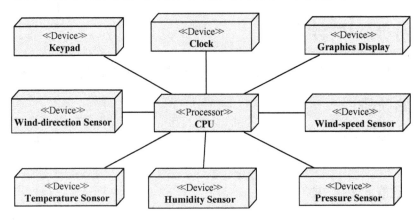

图 13-1 硬件平台的部署图

面向对象的开发方法，最关键之处在于抽取问题领域中的类，即设计软件类，以模拟硬件设备。例如，可以设计一个简单的时间日期类（TimeDate），以跟踪当前的日期和时间，包括时、分、秒、日、月和年。

时间和日期类的职责必须包括设定日期和时间。为了完成这个职责，需要提供一些操作来设置时间和日期，通过操作：setHour、setMinute、setSecond、setDay、setMonth 和 setYear来满足用户的需求。即通过对象的职责分析，识别类应该包含的操作。

1）根据前面的分析，设计出日期和时间类如下。

类名：TimeDate。

职责：跟踪当前的时间、日期。

操作：

- currentTime。
- currentDate。
- setFormat。

- setHour。
- setMinute。
- setSecond。
- setMonth。
- setDay。
- setYear。

属性：

- Time。
- Date。

下面对 TimeDate 对象的状态变化进行分析。TimeDate 对象有两种状态：初始化状态和运行状态（运行在 24-hour mode 状态下），如图 13-2 所示。进入初始化状态时，系统重新设置对象的 Time 和 Date 属性值，然后无条件地进入运行状态。运行状态是个复合状态，里面有两个子状态。在运行状态下，setFormat 操作可以实现 12-hour mode 和 24-hour mode 之间的切换。无论对象处于哪种模式，设置时间和日期都会引起对象重新初始化它的属性。

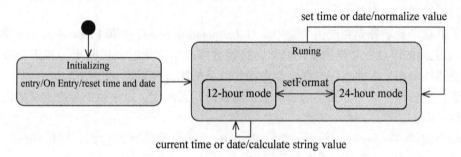

图 13-2　TimeDate 对象状态图

2）下面设计一个温度传感器类，以模拟温度传感器。通过对温度传感器的初步分析，设计出温度传感器类如下。

类名：Temperature Sensor。

职责：跟踪当前温度。

操作：

- currentTemperature。
- setlowTemperature。
- sethighTemperature。

属性：

Temperature。

现在，假定每个温度传感器值用一个定点数表示，它的低点和高点可以校正到适合已知的实际值，在这两点之间用简单的线性内插法将中间的数字转换为实际的温度，如图 13-3 所示。

系统中已经有了实际的温度传感器，为什么还要声明一个类来模拟实际的温度传感器呢？因

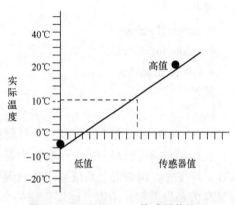

图 13-3　Temperature 传感器值校正

为在这个系统中，我们已经知道要多次使用这个对象，为了降低软件与硬件的耦合度，我们的策略是，设计一个 Temperature Sensor 类。实际上，特定系统中温度传感器的数目与软件的体系结构关系不大。通过设计一个 Temperature Sensor 类，可以使得这个系统的其他成员能够简单地操作任意数目的传感器。

3）同理，通过分析，下面得出气压传感器的规格说明。

类名：Pressure Sensor。

职责：跟踪当前气压。

操作：

- currentPressure。
- setlowPressure。
- sethighPressure。

属性：

pressure。

在前面的需求分析中，系统要求报告温度和气压的变化趋势，但是，我们在对温度和气压设计时，遗漏了这个要求。

为了把这个要求补充到这两个类中。对 Temperature Sensor 类和 Pressure Sensor 类，可以用–1 和 1 之间的浮点数来表达变化趋势，这些数字表示某个时间区间上，若干个数值的一条拟合直线的斜率。因此，在这两个类中增加以下的职责和其相应的操作。

职责：报告温度或压力变化趋势，表示给定时间区间上，过去值的拟合直线的斜率。

操作：trend。

trend 操作是 Temperature Sensor 类和 Pressure Sensor 类共有的行为，建议创建一个公共的超类 Trend Sensor 负责提供这个共同行为。

在以前的设计中，多个传感器的共同行为作为传感器类本身的一个职责。其实，也可以把这个共同行为作为某个外部代理类的职责，通过代理定期查询所有的传感器，然后计算出每个传感器测量的数据变化趋势，这种设计比较复杂，往往很少采用。

4）通过初步分析，设计出湿度传感器类的规格说明如下。

类名：Humidity Sensor

职责：跟踪当前湿度，表示为百分比，范围是 0%~100%。

操作：

- currentHumidity
- setlowHumidity
- sethighHumidity

属性：

humidity

Humidity Sensor 类中，没有提供计算湿度变化趋势的职责。

在前面的系统分析中，一些行为是类 Temperature Sensor、Pressure Sensor 和 Humidity Sensor 共有的。比如说，系统要求传感器提供一种方式来报告过去 24 小时内每种测量数据的最高值和最低值。所以，建议创建一个公共的超类 Historical Sensor，负责提供这个公共的行为。下面是这个超类的规格说明。

类名：Historical Sensor。

职责：报告过去 24 小时内测量数据的最高值和最低值。

操作：

- highValue。
- lowValue。
- timeOfhighValue。
- timeOflowValue。

5）根据前面的分析，下面设计出风速传感器类。

类名：WindSpeed Sensor。

职责：跟踪当前风向。

操作：

- currentSpeed。
- setlowSpeed。
- sethighSpeed。

属性：

speed。

因为不能够直接探测出当前的风速。风速的计算方法是：将标柱上风杯的旋转次数除以计数间隔，然后乘以与特定的标柱装置对应的比例值。

对上面 4 个具体类（温度传感器、气压传感器、湿度传感器和风速传感器）做快速的领域分析，可以发现它们有一个共同的特点，那就是可以根据两个已知的数据点，用线性内插法来校正自己。为了给 4 个类提供这个行为，可以创建一个更高一级的超类 Calibrating Sensor（校正传感器）来负责这个行为，它的规格说明如下。

类名：Calibrating Sensor。

职责：给定两个已知数据点，提供线性内插值的值。

操作：

- currentValue。
- setlowValue。
- sethighValue。

Calibrating Sensor 类是 Historical Sensor 类的直接超类。

6）风向传感器既不需要校正，也不需要报告历史趋势。下面是这个类的设计。

类名：Winddirection Sensor。

职责：跟踪当前风向，表达为罗盘图上的点。

操作：currentDirection。

属性：direction。

为了将所有的传感器类组织成一个层次结构，创建抽象基类 Sensor，该类作为 Winddirection Sensor 类和 Calibrating Sensor 类的直接超类。图 13-4 说明了这个完整的层次结构。

下面设计边界类，它们是：小键盘类、显示器类、时钟类。

7）小键盘的规格说明如下。

类名：Keypad。

UML 基础、建模与应用

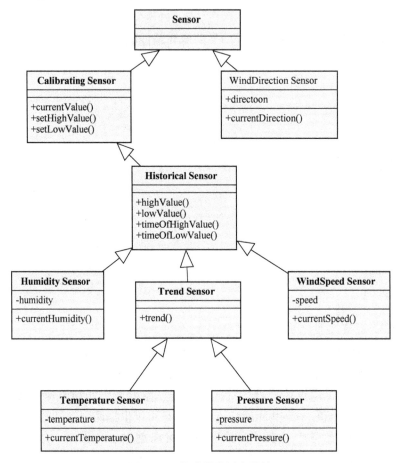

图13-4 传感器类层次结构

职责：跟踪最近一次用户输入。

操作：lastKeyPress。

属性：key。

值得注意的是，这个键盘仅仅知道几个键中的某个键被按下，而把解释每个键的含义的职责委托给其他的不同的类。

图13-5 提供了一个通用的显示界面原型。在这个原型中，省略了对系统需求中的风冷度和露点，也没有显示在过去24小时内主要测量数据的最高值或最低值的细节。同时，需求提出某些显示模式：某些数据需要用文本显示（以两种不同的大小和两种不同的风格）、某些数据用圆和线条显示（粗细不同）；需求还要求，一些元素是静态的（如 temp 标签），另外一些元素是动态的（如风向）。在分析阶段，初步决定用软件来显示这些静态和动态元素。

8）LCD（显示类）的规格说明如下。

类名：LCD Device。

职责：管理 LCD 设备，为显示某些图形元素提供服务。

操作：

● drawText。

196

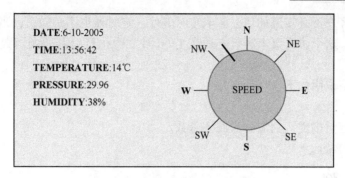

图 13-5 气象监测系统显示面板

- drawLine。
- drawCircle。
- settextSize。
- settextStyle。
- setpenSize。

正像 Keypad 类一样，LCD Device 对象并不知道它所操纵的元素的含义，该类对象仅仅知道怎样显示文字和直线，而不知道这些图形代表什么含义。以这种方式来设计 LCD 类时，必须提供一个代理来负责将传感器数据转换为显示器可以识别的数据。这个代理的设计，在本章后面部分实现。

9）最后一个需要设计的边界类是定时器。这里假定系统中有且只有一个定时器，它每隔 1/60 秒向计算机发出中断，调用一个中断服务例程。

图 13-6 演示了时钟对象与客户之间的交互。从图中可以看出，定时器如何和他的客户协作：首先，客户提供向时钟发出一个回调函数，然后每隔 1/60 秒，定时器调用这个函数。

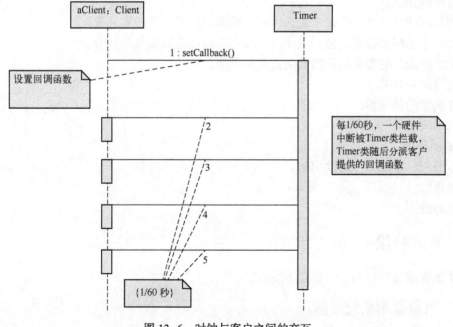

图 13-6 时钟与客户之间的交互

在这种方式中，客户不必知道如何去截取定时事件，定时器也不必知道，当一个定时事件出现时该怎么去做。这个协议要求客户必须在 1/60 秒之内执行完其回调函数，否则定时器将错过一个事件。

时钟类的规格说明如下。

类名：Tmer。

职责：截取定时事件，相应分派回调函数。

操作：setCallBack。

13.1.3 系统用例

现在，从客户观点来考察系统的功能。这里直接列出系统用例。如图 13-7 所示。

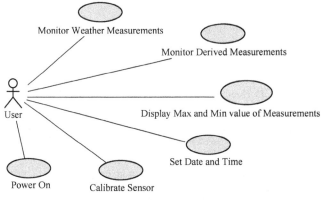

图 13-7 系统用例

1. 主要用例

主要用例如下。

检测基本的气象测量数据。包括风速、风向、温度、气压和湿度。

检测导出的测量数据。包括风冷度、露点、温度趋势和气压趋势。

显示用户选定的测量数据的最高值和最低值。

设置时间和日期。

校正选定的传感器。

启动系统。

2. 辅助用例

根据分析，增加两个辅助用例：

电源故障。

传感器故障。

13.2 细化阶段

为了阐明系统的行为，考察以下场景。

13.2.1 气象监测系统用例

检测基本的气象测量数据是气象检测系统的首要用例。其中一个约束是：不可能在 1 秒

（s）内测量 60 次以上。通过分析，提出了以下采集速率，这些速率能够充分地捕获气象状况的变化情况，下面是测量数据的速率：

风向：每 0.1 秒进行一次测量。

风速：每 0.5 秒进行一次测量。

温度、气压和湿度：每隔 5 分钟（min）进行一次测量。

前面对系统进行设计时，已经确定每个传感器类不负担处理定时事件的职责。因此在分析时，假设一个外部代理在指定的采样速率下，对每个传感器进行轮询采样。图 13-8 所示的交互图阐述了这个场景，当代理开始采样时，它依次查询每一个传感器。我们将代理（anAgent）设计为 Sampler 类的一个实例。

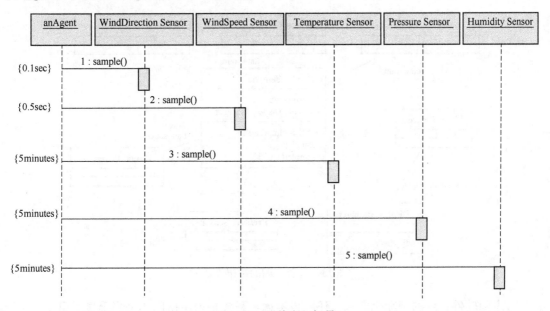

图 13-8　系统交互场景

现在的问题是，如何实现图 13-8 的交互场景呢？必须通过询问交互图的对象中哪一个对象负责将采样值显示在 LCD Device 设备上？有两个可选的方案：第一种方案是，让每一个传感器负责将自己的测量数据显示在 LCD Device 设备上。第二种方案是，创建一个独立的对象，通过轮询方式，将每个传感器的测量数据显示在 LCD Device 设备上。在本书中采用第二种方案，在这个方案中，我们将显示布局策略封装到一个类中，即显示策略封装在 Display Manager 类中。Display Manager 类规格说明如下。

类名：Display Manager。

职责：管理 LCD 设备上各个元素的布局方式。

操作：

- drawStaticItems。
- displayTime。
- displayDate。
- displayTemperature。
- displayHumidity。

- displayPressure。
  - displayWindChill。
  - displayDewPoint。
- displayWindSpeed。
- displayWindDirection。
- displayHighLow。

操作 drawStaticItems 用来显示状态不会改变的元素，比如用来显示风向的罗盘。让操作 displayTemperature 和操作 displayPressure 负责显示测量数据的变化趋势。

图 13-9 说明了这些类之间的协作关系。同时，也显示了某些类在协作时扮演的角色。

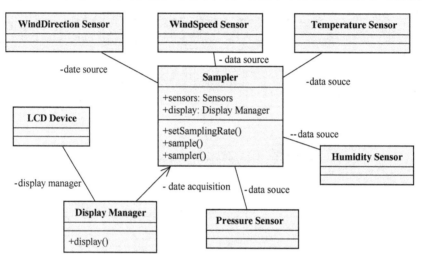

图 13-9　类之间的协作关系

考虑到软件系统的国际化要求，还应该考虑：系统是采用摄氏还是华氏显示温度？系统是采用公里每小时（km/h）还是采用英里每小时（mile/h）显示风速？

为提供软件系统的灵活性，必须在 Temperature Sensor 类和 Windspeed Sensor 类中增加一个操作 setMode（设计模式）。最后，必须相应地修改操作 drawStaticItems 的签名，以便在改变测量数据的单位时，Display Manager 对象能够在需要时更新显示设备的面板布局。

为了能修改温度和风速的测量单位，系统必须增加一个用例，即"设置温度和风速的测量单位"。

通过 Temperature Sensor 类和 Pressure Sensor 类，可以导出温度和气压数据的变化趋势。为了计算出所有的导出数据，需要创建两个新类——WindChill 和 DewPoint。这两个类都不代表传感器，它们仅仅充当代理的角色。

具体地说，Temperature Sensor 和 Windspeed Sensor 协作计算，将计算出的数据封装在 Wind Chill 对象中；Temperature Sensor 和 Humidity Sensor 协作计算，将计算出的数据封装在 Dew Point 对象中。同时，Wind Chill、Dew Point 和 Sampler 都存在协作关系。如图 13-10 所示为上述各类之间的协作关系。

为什么将 Wind Chill 和 Dew Point 定义为类？为什么不采用一个简单的方法来计算导出数据呢？因为，从 Temperature Sensor 对象和 Windspeed Sensor 对象中计算导出值的算法比较通

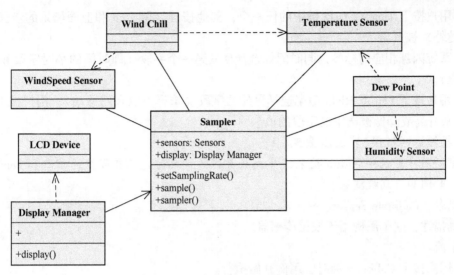

图 13-10　类之间的协作关系

用，从 Temperature Sensor 对象和 Humidity Sensor 对象中计算导出数据的算法也比较通用，为了在以后的应用中实现对象复用，我们就把这些算法封装在 Wind Chill 类和 Dew Point 类中。

下一步考虑用户与气象监测系统交互的场景。

用例名：Display Max and Min Value of Measurements。

用例描述：显示所选测量数据的最高值和最低值。

基本流：

1）用户按下 Select 键时，用例执行开始。

2）系统显示 Selecting。

3）用户按下 Wind、Temp、Pressure 或 Humidity 键中的任何一个，其他按键（除 Run 外）被忽略。

4）系统闪烁相应的标签。

5）用户按下 Up 或 Down 键来分别选择显示 24 小时中的最高值或最低值，其他的按键（除 Run 外）被忽略。

6）系统显示所选值，同时显示该值出现时的时间。

7）控制返回步骤 3）或步骤 5）。

注意：用户可以按下 Run 键来提交或放弃操作，此时，正在闪烁的信息、选择的值和 Selecting 信息将消失。

这个场景提醒我们，应该在 Display Manager 类中增加两个操作：

● flashLabel 操作。根据操作变量让标签闪烁或停止闪烁。

● displaymode 操作。在 LCD 设备上以文本的方式显示信息。

用例名：Set Date and Time。

用例描述：这个用例用于设置日期和时间。

基本流：

1）用户按下 Select 键时，用例开始执行。

2）系统显示 Selecting。

3）用户按下 Time 或 Date 键中的任一个，其他按键（除 Run 和上面场景的步骤 3）所列出的键外）被忽略。

4）系统闪烁相应的标签，同时闪烁选择项的第一个字段（即时间的小时字段和日期的月份字段）。

5）用户按下 Left 或 Right 键来选择另外的字段（选择可以来回移动），用户按下 Up 或 Down 键来升高或降低被选中的字段的值。

6）控制返回步骤 3）或步骤 5）。

注意：用户可以按下 Run 键来提交或放弃操作，此时，正在闪烁的信息和 Selecting 消息消失，时间和日期被重置。

用例名：Calibrate Sensor。

用例描述：这个用例用于校正传感器。

基本流：

1）用户按下 Calibrate 键时，用例开始执行。

2）系统显示 Calibrating。

3）用户按下 Wind、Temp、Pressure 或 Humidity 键中的任何一个，其他按键（除 Run 外）被忽略。

4）系统闪烁相应的标签。

5）用户按下 Up 或 Down 键来选择高校正点或低校正点。

6）显示器闪烁相应值。

7）用户按下 Up 或 Down 键来调整选中的值。

8）控制返回步骤 3）或步骤 5）。

注意：用户可以按下 Run 键来提交或放弃操作，此时正在闪烁的信息和 calibrating 消息消失，校正功能被重置。

在进行校正时，必须告诉 Sampler 对象停止采样，否则显示错误信息。因此，这个场景提醒我们必须在 Sampler 类中增加两个新的操作：inhibitSampler（禁止采样）和 resumeSample（重新采样）。

用例名：Set unit of Measurement。

用例描述：这个用例用于设置温度和风速的测量单位。

基本流：

1）用户按下 Mode 键时，用例开始执行。

2）系统显示 Mode。

3）用户按下 Wind、Temp 键中的任何一个，其他按键（除 Run 外）被忽略。

4）系统闪烁相应的标签。

5）用户按下 Up 或 Down 键来切换当前的测量单位。

6）系统更新选中项的测量单位。

7）控制返回步骤 3）或步骤 5）。

注意：用户可以按下 Run 键来提交或放弃操作，此时正在闪烁的信息和 Mode 消息消失，测量项的当前单位被设置。

通过对上面几个场景的分析，我们可以确定面板上按钮的布局方式，如图 13-11 所示。

从图 13-11 界面中可以发现，当用户点击任一按钮时，整个界面就处于某个模式之中，因此，可以把整个界面看作一个对象，界面从一种状态迁移到另一种状态时，就相当于对象从一种状态迁移到另一种状态。因为点击按钮的触发事件与界面所处的状态紧密相关，所以我们设计一个新类 InputManager 来负责完成下面的职责。

类名：InputManager。

职责：管理和分派用户输入。

操作：processKeyPress。

InputManager 对象包括 4 个状态：Running、Calibrating、Selecting 和 Mode。这些状态直接对应于前述的 4 个场景，如图 13-12 所示。

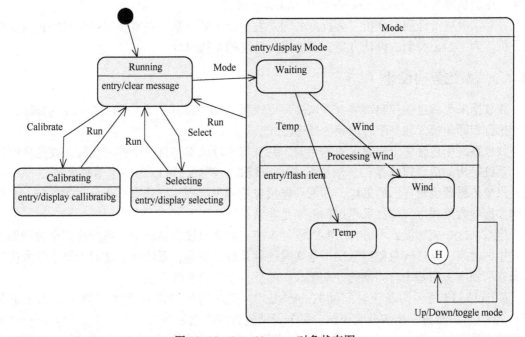

图 13-12　InputManager 对象状态图

Mode 状态是个复合状态，它包含两个顺序子状态：Waiting 状态和 Processing Wind 状态。当进入 Mode 状态时，首先在显示板上显示模式信息（display Mode），并处于 Waiting 状态下。此时如果用户点击 Temp 键或 Wind 按键，系统就从 Waiting 状态迁移到 Processing Wind 状态。进入 Processing Wind 状态时，某些信息在面板上闪烁（flash item）。Processing Wind 状态也是个复合状态，它包含两个子状态：Temp 状态和 Wind 状态。当用户点击 Temp 按钮时，进入 Temp 状态；当用户点击 Wind 按钮时，进入 Wind 状态。

在 Processing Wind 状态下，用户点击按钮：Up 或 Down（切换相应的模式）或者 toggle Mode 时，系统就回到原来的历史状态；如果用户点击 run 按钮，系统就迁移到最外层的 Running 状态。

最后一个主要场景是"启动系统",启动系统时,要求初始化所有的对象,并有序地激活所有的对象。下面介绍启动系统的用例:

用例名:Power On。

职责:启动系统。

基本流:

1)当电源接通时,用例开始执行。

2)初始化每一个传感器。有历史数据的传感器清除去历史数据,趋势传感器准备好它们的斜率计算算法。

3)初始化用户输入缓冲区,删除无用的按键(由噪声引起)。

4)绘制静态的现实元素。

5)初始化采样过程。

后置条件:每一个主要测量数据的过去高/低值被设置成首次采样的值和时间。设置温度和气压的斜率为0。Inputmanager 处于 Running 状态。

要对系统进行全面的分析,分析师必须开发每个次要场景。在本例中,暂时停止次要场景分析。为了验证我们的设计方案,下面进行系统的架构设计。

13.2.2 系统架构设计

在数据采集和过程控制领域,有许多可以遵循的架构模式,其中两个最普遍的模式是:自动执行者同步模式和基于时间帧的处理模式。

如果系统中包含多个相对独立的对象,并且每个对象都执行一个控制线程,在这种情况下,系统架构的适合模式是:自动执行者同步模式。例如,可以为每个传感器创建一个对象,每个传感器负责自己的采样,并把采样报告给中央代理。如果有一个分布式系统,必须从许多远端收集样本,那么采用这种框架是非常有效的。

但是,这个架构模式不适合于实时硬件系统。在实时硬件系统中,系统能完全预测到事件发生的时间,虽然气象监测系统不是实时硬件系统,但是,系统要求能对少量事件发生的时间有所预测。而基于时间帧的处理模式,就适合气象监测系统。

如图 13-13 所示为基于时间帧的处理模式。其将时间分成若干帧(通常是固定的长度),帧又可以更进一步被分成子帧,每个子帧包含一些功能行为,从一个帧到另外一个帧的活动可能不同,例如,可以每隔 10 个帧进行一次风向采样,每隔 30 个帧进行一次风速采样。这种架构模式的主要优点是能够更严格地控制时间的顺序。

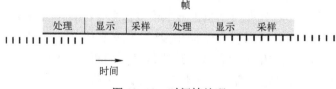

图 13-13　时间帧处理

图 13-14 是作者设计的一个类图,这个类图忽略了次要的类,强调了主要的类。它体现了气象监测系统的体系结构。从图中可以看到在早期对系统分析时发现的大多数类。在这个架构中,我们创建了一个 Sensors 类,它的职责是作为系统中的所有物理传感器的集合。

由于在系统中至少有两个其他代理（Sampler 和 InputManager 类）必须与传感器集合关联，把所有的物理传感器集中到一个容器类（Sensors 类）中可以将系统中的传感器作为一个逻辑整体来对待。

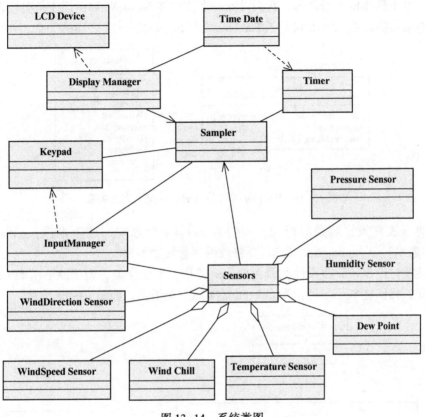

图 13-14　系统类图

13.3　构造阶段

气象监测系统的主要行为是由两个代理（Sampler 和 Timer 类）协作完成的，因此在架构设计期间，详细分析和说明这些类的规格、接口、服务是必要的。通过分析、设计和说明，可以验证体系结构设计的合理性。

13.3.1　帧机制

首先介绍时钟类 Timer，如图 13-15 展示了类设计。

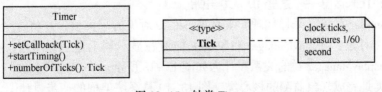

图 13-15　钟类 Timer

操作 setCallBack 为定时器提供一个回调函数，操作 startTiming 启动定时器，此后 Timer 对象每隔 1/60 秒（s）发送回调函数。注意，这里引用了一个显式的启动操作，因为在声明的精化过程中不能依靠任何特定的"实现依赖"的排序。

为了给每个具体传感器命名，我们设计一个枚举类 SensorName，该枚举类包含了系统里所有传感器的名称。图 13-16 设计了 Sampler 类与 SensorName 类之间的关系。

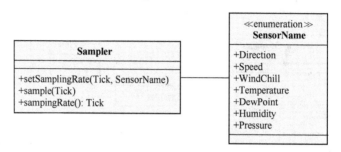

图 13-16　Sampler 类与 SensorName 类之间的关系

为了动态改变采样对象的行为，我们为 Sampler 对象增加两个操作：setSamplingRate（修改采样速率）、samplingRate（选择要修改的测量数据类型）。

下面继续讨论 Sensor 类设计，因为 Sensor 类是一个集合类，为了继承基础 Collection 类的公共特征，我们将 Sensor 类作为 Collection 类的一个子类。如图 13-17 所示。

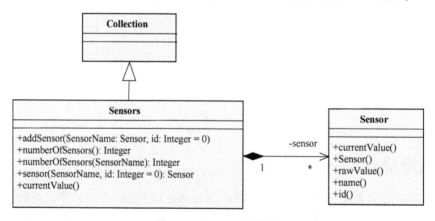

图 13-17　Sensor 类设计

因为不想将 Collection 类的大部分操作暴露给 Sensor 类的客户，我们将 Collection 定义为一个受保护的超类。在 Sensor 类中，只声明少量的操作。

可以创建一个泛化的传感器集合类，它能够容纳同一个传感器的多个实例，每一个实例可以用唯一的 ID 来区分——这些 ID 从 0 开始。

因为，Sampler 对象（采样代理）要获取 Sensor 对象的采样值，并将这个采样值传递给 DisplayManager 对象，DisplayManager 对象将采样值在显示器上显示。所以，将 Sampler 类、Sensor 类和 DisplayManager 类的关系设计为如图 13-18 所示。

Sampler 类是完成气象监测的核心类，图 13-19 是系统架构的初步设计图。

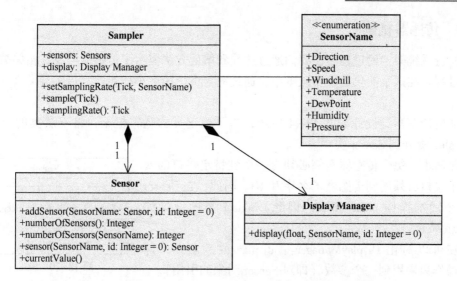

图 13-18　Sampler 类、Sensor 类和 DisplayManager 类的关系

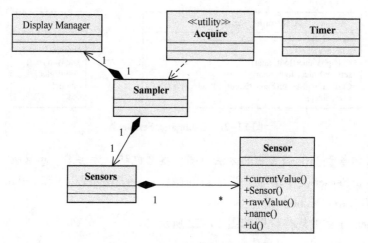

图 13-19　系统架构的初步设计图

13.3.2　发布计划

开发软件系统时，每一个当前版本都是建立在前一个版本之上。现在计划我们的发布版本序列：

- 开发一个具有最小功能的发布版本序列。其中，每一个版本都是建立在前一个版本之上。
- 设计并实现传感器的层次结构。
- 设计并实现与管理显示类相关的其他类。
- 设计并实现负责管理用户界面的各个类。

为了对软件体系结构有深入的了解，首先应该开发一个包含最小功能集合的发布版本。即该版本必须实现系统中每一个关键类的小部分功能。由于实现了每个关键部分的功能，如此，就解决了项目中存在的高风险。

13.3.3 传感器机制

在构造系统架构的过程中，我们通过迭代和增量方法演示了传感器类及其相关类的分析和设计过程。在这个演化的发布版本中，通过完善系统的最小功能，对传感器类进一步分析和细化。

最初的传感器类设计如图 13-4 所示，为了稳定类的基本框架，将下层类的公共操作 currentValue 提升到 Sensor 类中。

按照需求，每个传感器实例必须有一个到特定接口的映射。这个接口必须用到传感器的名字和 ID。因此，在 Sensor 类中必须增加操作 name 和 id。因此，Sensor 类的设计如图 13-20 所示。

现在可以简化 DisplayManager∷display 的签名了，即 display 操作只需用到一个参数（即对 Sensor 对象的引用）。

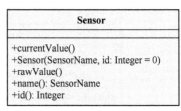

图 13-20　Sensor 类

Calibrating Sensor 类的规格说明如图 13-21 所示。

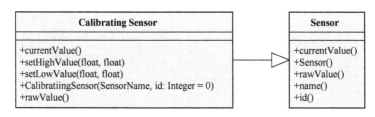

图 13-21　Calibrating Sensor 类

提示：签名相当于 Java 语言中的方法声明。签名包括：方法名、参数表。

在 Calibrating Sensor 类中增加了两个新的操作——setHighValue 和 setLowValue，并实现了父类中的操作 currentValue。

Historical Sensor 类的规格说明如图 13-22 所示。

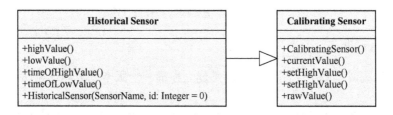

图 13-22　Historical Sensor 类

Historical Sensor 有 4 个操作，要实现该类，需要与 Timedate 类协作。Historical Sensor 类仍然是一个抽象类，因为其中的操作 rawValue 还没有定义，我们把这个操作推迟到一个具体子类中实现。

Trend Sensor 类还是定义为抽象类。把 Trend Sensor 类定义为 Historical Sensor 类的一个子类，并在其中增加了一个具体的操作 trend，如图 13-23 所示。

把 Temperature Sensor 类定义为 Trend Sensor 类的一个子类，如图 13-24 所示。

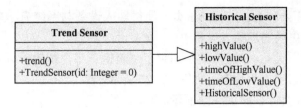

图 13-23　Trend Sensor 类

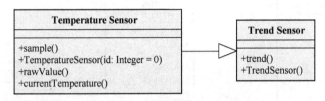

图 13-24　Temperature Sensor 类

　　我们根据前面的分析，增加操作 current Temperature，这个操作与前面分析时提到的操作 currentValue 在语义上是相同的。

13.3.4　显示机制

　　显示功能是由 DisplayManager 类和 LCD Device 类协作完成的。根据前面的分析，只需要对这两个类中的某些签名和语义做部分修改与调整就可以，对 Display Manager 类做调整后的规格说明，如图 13-25 所示。

```
┌─────────────────────────────────────────────────────────────────────┐
│                          Display Manger                               │
├─────────────────────────────────────────────────────────────────────┤
│ +display(senser: Sensor)                                              │
│ +clear()                                                              │
│ +refreash()                                                           │
│ +drawStaticItems(speedScale: SpeedScale, tempScale: TemperatureScale) │
│ +diaplayTime(time: String)                                            │
│ +displayDate(date: String)                                            │
│ +displayTemperature(float, id: Integer = 0)                           │
│ +displayHumdity(float, id: Integer = 0)                               │
│ +displayPressure((float, id: Integer = 0)                             │
│ +displayWindChill((float, id: Integer = 0)                            │
│ +displayDewPoint((float, id: Integer = 0)                             │
│ +displayWindSpeed((float, id: Integer = 0)                            │
│ +displayWindDirection(direction: Integer, id: Integer = 0)            │
│ +displayHighLow(float, value, sensorName: SensorName, id: Integer = 0)│
│ +setTemperatureScale(tempScale: TemperatureScale)                     │
│ +setSpeedScale(speedScale: SpeedScale)                                │
└─────────────────────────────────────────────────────────────────────┘
```

图 13-25　DisplayManager 类

　　我们不希望该类有任何子类，因此，必须实现该类中的所有操作。DisplayManager 类要用到 LCD Device 类的资源，LCD Device 类是对底层硬件的抽象。

13.3.5　用户界面机制

　　用户界面主要是由 KeyPad 类和 InputManager 类协作实现的。与 LCD Device 类相似，KeyPad 类也是对底层硬件的抽象。有了 KeyPad 类，就减轻了 InputManager 类对硬件的依赖。由于有了 KeyPad 类和 InputManager 类，使得输入设备与系统有了较好的隔离。在这种情况下，可以很容易更换物理输入设备。

首先定义一个枚举类 key，这个类是列举了逻辑键，每个逻辑键以 k 为前缀，以避免与 SensorName 中定义的名字发生冲突。如图 13-26 所示。

现在设计 KeyPad 类，如图 13-27 所示。

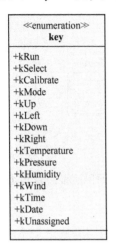

«enumeration»		«enumeration»		
key		**Key**		
+kRun		+kRun()		**KeyPad**
+kSelect		+kSelect()		
+kCalibrate		+kCalibrate()		+inputPending(): Integer
+kMode		+kMode()		+lastKeyPress(): Key
+kUp		+kUp()		
+kLeft		+kLeft()		
+kDown		+kDown()		
+kRight		+kRight()		
+kTemperature		+kTemperature()		
+kPressure		+kPressure()		
+kHumidity		+kHumidity()		
+kWind		+kWind()		
+kTime		+kTime()		
+kDate		+kDate()		
+kUnassigned		+kUnassigned()		

图 13-26　枚举类 key　　　　　　　　　　图 13-27　KeyPad 类

在这个类中增加了操作 inputPending，这样，当存在尚未被用户处理的输入时，客户就可以查询。

现在，对前面的 InputManager 类进行修改，提供两个与输入有关的操作，修改后的类如图 13-28 所示。

InputManager
-repKeypad：Keypad
+processKeyPress()

图 13-28　修改后的
InputManager 类

现在回忆图 13-14 中所说明的类关系。Sampler、InputManager 和 KeyPad 三个类相互协作响应用户输入。为了集成这三个类，必须修改 Sampler 类的接口（这里的接口是指类中操作的集名），即在 Sampler 类中，通过成员变量（repInputManager）引用 InputManager 对象，如图 13-29 所示。

Sampler
+sensors: Sensors
+display: Display Manager
+repSensors: Sensors
+repDisplayManager: Display Manager
+repInputManager: InputManager
+setSamplingRate(Tick, SensorName)
+sample(Tick)
+sampler(sensors, display): Sampler
+Sampler(: InputManager, : Display Manager, : Sensors)
+samplingRate(): Tick

图 13-29　Sampler 类

图 13-29 的设计说明，当创建 Sampler 对象时，必然创建 Sensors 对象、Display Manager 对象和 InputManager 对象。这种设计确保了 Sampler 对象总是有一个传感器集合、一个显示管理器和一个输入管理器。

210

操作 processKeyPress 是启动 InputManager 对象的入口点，为了标识 InputManager 对象的状态变化情况和操作行为，有两种通用方法：一种方法是把状态封装在对象中，另一种方法是用枚举表示对象的状态。对于只有几种状态的对象（如 InputManager 对象只有几个状态），用后一种方法就足够了。这样，我们可以把几种状态用字符串表示，将这些名字作为 InputState 接口的名字，如图 13-30 所示。

下面修改 InputManager 类，如图 13-31 所示。

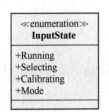

图 13-30　InputState 接口

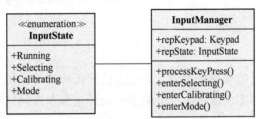

图 13-31　InputManager 类

13.4　交付阶段

本气象监测系统仅包含大约 20 个类。但是，在实际应用中，对象模型和软件体系结构要经历多次修改。

在本系统使用过程中，用户还希望系统提供测量降雨量的功能。那么，当增加一个雨量测量器会产生什么影响？

图 13-14 基本上是本气象监测系统的体系架构。为了提供测量降雨量的功能，不需要从根本上改变这个架构，而仅仅需要扩展它就可以了。以图 13-14 所示的系统架构为基线，增加一些新特性就可以满足新的需求。现在对传感器类层次结构（见图 13-4）做以下修改：

- 定义一个 RainFall Sensor 类，让其作为 Historical Sensor 类的子类。
- 更新枚举 SensorName，在枚举类中增加 RainFall Sensor 类的名字。
- 更新 Display Manager，使其知道怎样显示这个传感器的值。
- 更新 InputManage 类，使其知道怎样计算新定义的键 rainFall。
- 在系统的 Sensors 集合中增加 RainFall Sensor 类的实例。

在设计阶段后期，如果希望对以上某些类进行修订，最好不要修订类之间的关系。如果想修改某个类的功能，那么最好的做法是，不要直接修改该类的任何操作，只要在原类的基础上，给类添加一些操作即可。

13.5　小结

本章以气象监测系统为例，以 RUP 方法对实时控制系统进行增量和迭代分析、设计、建模，此例详细演示了 RUP 过程、类设计过程和迭代过程。

13.6　习题

请采用 RUP 统一过程对《超市进货系统》进行分析、设计。通过增量和迭代方式，建立该系统的领域模型。

第14章
电梯系统的分析与设计

本章以电梯系统为例，通过迭代分析和设计，构建电梯系统的对象模型、用例模型和动态模型。本案例演示了三个模型的设计过程和迭代过程。

本章要点

对象模型、用例模型、动态模型。

学习目标

掌握三种模型的迭代开发方法。

14.1 实体类、边界类和控制器类

统一软件过程将类分为实体类、边界类和控制器类，下面分别描述这三种类的概念和表示法。

1. 实体类

实体类是保存持久信息的类，用于对持久信息建模，如，银行系统中的账户类，账户需要保存客户的姓名、住址、电话号码、身份证信息等。实体类有两种表示格式，一种用图标表示，如图 14-1a 所示，另一种用构造型表示，如图 14-1b 所示。

图 14-1 实体类的表示

a）图标表示 b）构造型表示

2. 边界类

边界类描述软件系统中与外部参与者之间交互的对象，如登录界面中，用来接受用户输入的文本框，用户通过边界对象与系统交互。边界类有两种表示格式，一种用图标表示，如图 14-2a 所示，另一种用构造型表示，如图 14-2b 所示。

图 14-2 边界类的表示

a）图标表示 b）构造型表示

3. 控制器类

控制器类是软件系统中对复杂的计算或者逻辑处理建模。如在银行 ATM 系统中，客户在柜员机上输入客户账号、密码后，在银行后台计算机系统中有一个验证客户账号和密码真伪的逻辑处理，这个逻辑处理可以用一个控制器类实现。控制器类有两种表示格式，一种用图标表示，如图 14-3a 所示，另一种用构造型表示，如图 14-3b 所示。

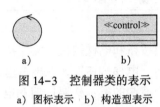

a)   b)

图 14-3 控制器类的表示

a）图标表示 b）构造型表示

14.2 对象建模

面向对象的分析、设计工作主要包括对象建模（也称领域建模）、用例建模和动态建模。下面介绍对象建模过程。

1. 问题陈述

创建对象模型的第一步是问题陈述。例如，某单位在 m 层大楼中安装 n 部电梯的问题陈述见表 14-1。

表 14-1 问题陈述

在一幢有 m 层楼的大厦中需要安装一套控制 n 部电梯的产品，要求 n 部电梯依据下列约束条件在楼层间移动：

1）每部电梯里有 m 个按钮，每个按钮对应一个楼层。当按下按钮时，按钮指示灯变亮并请求电梯驶向相应的楼层，当电梯到达相应的楼层时指示灯熄灭。

2）除了一楼和顶楼外，每层有两个按钮，一个请求电梯上行，一个请求电梯下行，当两个按钮之一被按下时，相应的指示灯变亮，当一个电梯到达该层并往请求方向移动时，按钮灯熄灭。顶层只有一个请求电梯下行的按钮，一楼只有一个请求电梯上行的按钮。

3）当电梯没有请求时，就停留在当前楼层，电梯门关闭

2. 识别对象和类

使用文本分析技术从问题陈述中提取所有的名词和名词短语，目的是识别一组候选对象。本阶段可能会漏掉一些类和对象，在后续阶段可以添加漏掉的对象。

将问题陈述中的名词和名词短语标识下画线。表 14-2 给出了从电梯的问题陈述中提取出来的名词和名词短语。

表 14-2 名词和名词短语

名　　词	名　词　分　析
电梯	明确的事物，是一个对象
按钮	明确的事物，是一个对象
楼、楼层、产品	*问题边界外的对象：删除*
指示灯	*属于按钮的属性：删除*
电梯门	明确的事物，是一个对象
楼层	*问题边界外的对象：删除*

删除表 14-2 中的无关类，修订后的候选类见表 14-3。

表 14-3　第一次修订后的候选类

名　　词	名词分析
电梯	明确的事物，是一个对象
按钮	明确的事物，是一个对象
电梯门	明确的事物，是一个对象

　　根据问题陈述，按钮分为楼层按钮和电梯按钮。楼层按钮安装在每个楼层的墙上，乘客通过楼层按钮请求电梯行驶的方向。电梯按钮安装在电梯里，乘客通过电梯按钮请求电梯行驶的目标楼层。因此，要添加两个遗漏的类：楼层按钮和电梯按钮。在表 14-3 中增加楼层按钮和电梯按钮，修订后的候选类见表 14-4。

表 14-4　第二次修订后的候选类

名　　词	名词分析
电梯（电梯柜）：Elevator	明确的事物，是一个对象
电梯门：Doors	明确的事物，是一个对象
按钮：Button	明确的事物，是一个对象
电梯按钮：ElevatorButton	明确的事物，是一个对象
楼层按钮：FloorButton	明确的事物，是一个对象

3. 关联分析

　　通过查找问题陈述中连接两个或者多个对象的动词和动词短语，或者通过电梯系统的组成结构，可以识别出类间关联。按钮与电梯按钮、楼层按钮是泛化关系；电梯与楼层按钮、电梯按钮是双向关联；电梯与电梯门是关联（一部电梯与多个电梯门关联）。通过关联分析，绘制电梯系统的类图，如图 14-4 所示。

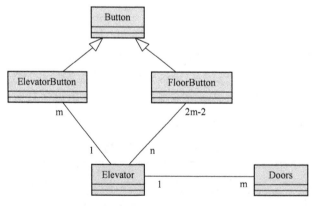

图 14-4　电梯系统的第一次迭代

　　对于控制系统而言，一定存在一个控制器协调对象之间的工作，电梯也是一样，必须设计一个电梯控制器来协调对象之间的工作。电梯控制器接收来自楼层按钮和电梯按钮的指令，控制电梯上下移动、停止、开门和关门。增加控制器以后电梯（指电梯柜）的第二次迭代图如图 14-5 所示。

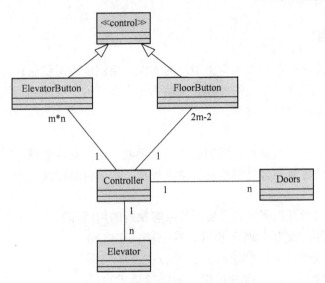

图 14-5　电梯系统的第二次迭代

4. 识别类的属性

按钮有两种状态：灯灭、灯亮，用属性名 illuminated 表示，数据类型是 Boolean。电梯门也有两种状态：关门、开门，用属性名 doorOpen 表示，数据类型是 Boolean。控制器的状态由事件请求类型决定，用属性名 request 表示，数据类型是 String，描述请求事件的类型。电梯（电梯柜）有移动、停止状态，用属性名 move 表示，数据类型是 Boolean。标识对象的属性值后的对象模型，如图 14-6 所示。

5. 职责分析

在面向对象的软件开发过程中，通过文本分析技术寻找类和对象，通过 CRC 技术设计类的职责和协作者，即为图 14-5 中的每个实体类填写 CRC 卡，为了简化起见，本例仅仅为控制器类（Controller）填写 CRC 卡。Controller 类的职责设计如图 14-7 所示。

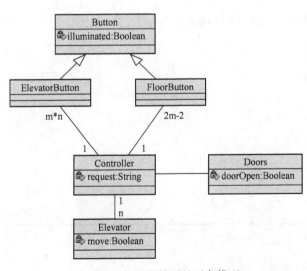

图 14-6　标识属性后的对象模型

图 14-7　Controller 类的 CRC 卡片的第一次迭代

14.3 用例建模

用例建模是从外部视角捕捉和定义用户的需求。用例描述系统做什么而不是如何做。因此，用例分析的重点是观察系统的外部表现而不是内部结构，关注的是用户需求而不是系统的实现。下面介绍用例建模的过程。

1. 识别参与者

乘客：乘坐电梯者。维修师：维护电梯者。供电系统：支撑电梯运行。因此，电梯的主要参与者是乘客，次要参与者是维修师和供电系统。本例将忽略次要参与者。

2. 识别用例

本例的主要参与者是乘客，只需要寻找乘客执行的用例即可。

乘客与电梯之间的交互分两个步骤。第一步，在电梯外，乘客按下楼层按钮，向电梯请求自己的行驶方向；第二步，乘客进入电梯后，按下电梯按钮，向电梯请求自己的目的楼层。可见，每次乘电梯，乘客必须执行两个用例：按下楼层按钮和按下电梯按钮。初始用例模型，如图 14-8 所示。

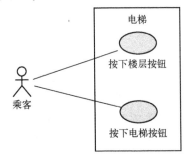

图 14-8 初始用例模型

（1）正常场景

下面是乘客 A 在 3 层乘电梯到 7 层的场景，如表 14-5 所示。

表 14-5 乘客 A 在 3 层乘电梯到 7 层的场景

场景名称	乘客 A 在 3 层到 7 层
参与者	乘客 A
事件流	

1. 乘客 A 在 3 层按向上的楼层按钮（乘客 A 想去第 7 层）。
2. 向上的楼层按钮灯亮。
3. 电梯到达 3 层（乘客 B 在电梯内，他从 1 层进入电梯，按了 9 层的电梯按钮）。
4. 电梯门开启。
5. 定时器开始计时（乘客 A 进入电梯）。
6. 乘客 A 按下 7 层的电梯按钮。
7. 7 层的电梯按钮灯亮。
8. 电梯门在超时后关闭。
9. 3 层向上的楼层按钮灯灭。
10. 电梯到达 7 层。
11. 7 层的电梯按钮灯灭。
12. 电梯门开启。
13. 定时器开始计时（乘客 A 走出电梯）。
14. 电梯门在超时后关闭。
15. 电梯载着乘客 B 向 9 层移动。

（2）异常场景

下面是乘客 A 在 3 层乘坐电梯到 1 层的场景，如表 14-6 所示。

表 14-6　乘客 A 在 3 层乘坐电梯到 1 层的场景

场景名称	乘客 A 乘电梯从 3 层到 1 楼
参与者	乘客 A
事件流	

1. 乘客 A 在 3 层按向上的楼层按钮（乘客 A 想去 1 层，按错了）。
2. 向上的楼层按钮灯亮。
3. 电梯到达 3 层（乘客 B 在电梯内，他从 1 层进入电梯，按了 9 层的电梯按钮）。
4. 电梯门开启。
5. 定时器开始计时（乘客 A 进入电梯）。
6. 乘客 A 按下到 1 层的电梯按钮。
7. 1 层的电梯按钮灯亮。
8. 电梯门在超时后关闭。
9. 3 层向上的楼层按钮灯灭。
10. 电梯到达 9 层。
11. 9 层的电梯按钮灯灭。
12. 电梯门开启。
13. 定时器开始计时（乘客 B 走出电梯）。
14. 电梯门在超时后关闭。
15. 电梯载着乘客 A 向 1 层移动。

14.4　动态建模

动态模型描述了实现用例的对象之间如何交互，以及对象在其生命周期内如何演变，即对象的状态变化。

动态建模的第一步是开发场景（表 14-5 是一个成功场景）；第二步采用迭代和增量方法细化场景中的事件流；第三步是依据场景中的事件流绘制顺序图或状态图。本章为核心控制对象（电梯控制器）开发状态图，其他对象的状态图在本例中忽略。

在领域建模阶段，对电梯系统的第二次迭代（图 14-5）中引入了电梯控制器，相应地，必须在场景建模阶段，体现电梯控制器的作用，因此，必须修改和细化成功场景（表 14-5 是一个成功场景），修改后的场景如表 14-7 所示。

表 14-7　乘客 A 乘在 3 层乘电梯到 7 层的成功场景

场景名称	乘客 A 乘电梯从 3 层到 7 层
参与者	乘客 A
事件流	

1. 乘客 A 在 3 层按向上的楼层按钮（乘客 A 想去 7 层）。
2. 楼层按钮通知控制器，已经按了 3 层的向上的楼层按钮。
3. 控制器通知 3 层向上的楼层按钮灯亮。
4. 控制器通知电梯移动到 3 层（乘客 B 在电梯内，他从 1 层进入电梯，按了 9 层的电梯按钮）。
5. 控制器通知电梯门打开。
6. 控制器通知定时器开始计时（乘客 A 进入电梯）。
7. 乘客 A 按下到 7 层的电梯按钮。
8. 7 层的电梯按钮通知控制器已经按下。
9. 控制器通知 7 层的电梯按钮灯亮。
10. 控制器通知电梯门在超时后关闭。

（续）

11. 控制器通知 3 层向上的楼层按钮灯灭。

12. 控制器通知电梯移动到 7 层。

13. 控制器通知 7 层的电梯按钮灯灭。

14. 控制器通知电梯门开启。

15. 控制器通知定时器开始计时（乘客 A 走出电梯）。

16. 控制器通知电梯门在超时后关闭。

17. 控制器通知电梯载着乘客 B 向 9 层移动。

通过上面的场景建模，我们发现控制器是最复杂的对象，对控制器的动态行为建模非常必要。为了简化问题，假设只有一部电梯。场景建模告诉我们，控制器的行为完全取决于电梯（电梯柜）、电梯门和按钮（楼层按钮和电梯按钮）的状态，因此，决定用电梯、电梯门和按钮的状态作为控制器的状态。控制器的状态迁移如图 14-9 所示，图中有 12 个迁移，下面解释每个迁移的语义。

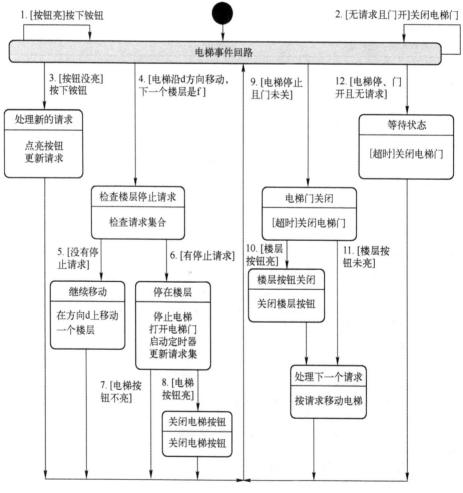

图 14-9　控制器状态图

1）1. ［按钮亮］/按下按钮。电梯控制器处于"电梯事件回路"状态（没有任何请求，控制器处于循环等待状态）时，在按钮灯已亮的情况下按下按钮后，控制器状态不会改变，所以，本事件引起内部迁移。

2）2. ［无请求且门开］/关闭电梯门。电梯控制器处于"电梯事件回路"状态时，如果没有其他请求并且电梯门是开的，控制器会关闭电梯门，控制器状态不会改变。

3）3. ［按钮没亮］/按下按钮。电梯控制器处于"电梯事件回路"状态时，在按钮没亮的情况下，控制器迁移到"处理新的请求"状态，进入该状态执行的活动有：点亮按钮、更新请求集，然后，无条件迁移到"电梯事件回路"状态。

4）4. ［电梯沿 d 方向移动，下一个楼层是 f］。当电梯沿 d 方向移动，并且下一个楼层是 f 时，控制器迁移到"检查楼层停止请求"状态。该状态下监护条件出现分支：［没有停止请求］和［有停止请求］。

5）5. ［没有停止请求］。［没有停止请求］为真，控制器迁移到"继续移动"状态，该状态的入口动作是：电梯在 d 方向移动一个楼层，然后，控制器迁移到"电梯事件回路"状态。

6）6. ［有停止请求］，［有停止请求］为真，控制器迁移到"停在楼层"状态，该状态的入口动作是：停止电梯，该状态下的活动有：打开电梯门、启动定时器、更新请求集。该状态下，监护条件出现分支：［电梯按钮亮］和［电梯按钮不亮］。

7）7. ［电梯按钮不亮］。［电梯按钮不亮］为真，电梯控制器迁移到"电梯事件回路"状态。

8）8. ［电梯按钮亮］。［电梯按钮亮］为真，控制器迁移到"关闭电梯按钮"状态，该状态的入口动作是：关闭电梯按钮，然后，控制器迁移到"电梯事件回路"状态。

9）9. ［电梯停止且门未关］。电梯控制器处于"电梯事件回路"状态时，［电梯停止且门未关］为真，控制器迁移到"电梯门关闭"状态，进入该状态的入口动作是：关闭电梯门。在该状态下，监护条件出现分支：［楼层按钮亮］和［楼层按钮未亮］。

10）10. ［楼层按钮亮］。［楼层按钮亮］为真，控制器迁移到"楼层按钮关闭"状态，该状态的入口动作是：关闭楼层按钮。然后，迁移到"处理下一个请求"。

11）11. ［楼层按钮未亮］。［楼层按钮未亮］为真，控制器迁移到"处理下一个请求"状态。

12）12. ［电梯停、门开且无请求］。控制器处于"电梯事件回路"状态时，［电梯停、门开且无请求］为真，控制器迁移到"等待状态"，该状态的入口动作是：关闭电梯门。

14.5　测试和验证

前面已经完成了电梯系统的对象建模、用例建模和动态建模，现在的工作是测试、验证前面模型的正确性，并修改相关模型。

本例只对控制器类 Controller 的 CRC 卡进行迭代和验证。状态图 14-9 中，每个状态中的操作都属于 Controller 类的职责。Controller 类的协作者有：电梯（Elevator）、电梯门（Doors）、电梯按钮（ElevatorButton）和楼层按钮（FloorButton）。修改 Controller 类的 CRC 卡（图 14-7），得到 Controller 类的 CRC 卡的第二次迭代，如图 14-10 所示。

```
                    Controller

                      职责

  1. 给ElevatorButton 发送消息：开启电梯灯
  2. 给ElevatorButton 发送消息：关闭电梯灯
  3. 给FloorButton 发送消息：开启楼层灯
  4. 给FloorButton 发送消息：关闭楼层灯
  5. 给Elevator 发送消息：电梯向上移动一层
  6. 给Elevator 发送消息：电梯向下移动一层
  7. 给Doors 发送消息：打开电梯门
  8. 给定时器发送消息：启动定时器
  9. 定时时间到后给 Doors 发送消息：关闭电梯门
  10. 检查请求
  11. 更新请求

                      协作者
  1. ElevatorButton
  2. FloorButton
  3. Elevator
```

图 14-10　Controller 类的 CRC 卡片的第二次迭代

14.6　小结

本章采用迭代和增量开发方法构建电梯系统的对象模型、用例模型与动态模型，这三个模型中任一个模型的修改必然引起其他两个模型的修改。本例详细演示了类设计过程和迭代过程。

14.7　习题

请通过增量和迭代方式为<<门禁系统>>建立对象模型、用例模型与动态模型。

参 考 文 献

［1］ROSENBERG D，SCOTT K. 用例驱动 UML 对象建模应用：范例分析［M］. 北京：人民邮电出版
　　社，2005.

［2］D'SOYEA D F，WILLS A C. UML 对象、组件和框架：Catalysis 方法［M］. 王慧，施平安，徐海，译.
　　北京：清华大学出版社，2004.

［3］LARMAN C. UML 和模式应用［M］. 2 版. 北京：机械工业出版社，2004.

［4］BITTNER K. 用例建模［M］. 姜昊，译. 北京：清华大学出版社，2003.

［5］ARLOW J，NEUSTADT I. UML 2.0 和统一过程［M］. 方贵宾，胡辉良，译. 北京：机械工业出版
　　社，2006.

［6］BOOCH G，RUMBAUGH J，JACOBSON I. UML 用户指南［M］. 邵维忠，麻志毅，马浩海，等译. 北京：
　　人民邮电出版社，2006.